狗狗是我们最亲密的家人！

因为爱，我决定给我的毛小孩吃自制健康的零食！
因为爱，我想与我的毛小孩共同享受美味的时光！

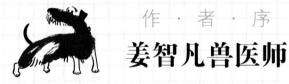

每当看到家中的毛小孩（狗狗）兴奋地跑来跑去，迫不及待地享用你为它准备的食物时，相信你一定也和它一样开心、满足。吃，不论是吃什么，对家中的毛小孩来说都是一天中最快乐的时光。在每天数次的欢乐时光中，我们也无形中与这群特别的家人加深了彼此之间的爱。但是，该怎么选择合适的食物或该怎么使用这些食物，一直是每位毛小孩爸妈心中的疑问。

"狗可以吃人吃的食物吗？""它爱挑食，我该怎么办？""我应该喂它几次，每次要喂多少？"这些问题或多或少曾经出现在毛小孩爸妈的心中，然而并没有一个适用于所有狗狗的答案。也就是说，没有一个完美的饮食计划或是一个顶级的食物可以解决所有的问题，但是兽医师可以为每一个毛小孩找到适合自己的方案。

饲料、罐头、处方饲料或其他食物，例如生食和鲜食让毛小孩爸妈眼花缭乱，这么多的选择是他们的幸福也是他们的烦恼。大家在做选择时除了考量自己的经济实力，也考虑到了网络上的推荐与自己的饮食哲学。在各方学者的努力之下，犬猫营养学蓬勃发展，以目前对犬猫营养需求的了解，兽医师可以借此来设计满足个体特殊需求的鲜食食谱。然而设计一份平衡且完整的鲜食食谱满足狗狗每日所需营养并不是一件容易的事，一份2013年发表在美国兽医学期刊的研究分析了200份来自宠物书、宠物博客及其他各种资料的鲜食食谱，其中超过80%的食谱无法提供均衡且完整的营养。虽然参考这些食谱所做出的鲜食作为每日主食可能无法满足犬猫营养所需，但我们还是可以利用鲜食制作零食来丰富毛小孩的饮食结构。

为家中心爱的毛小孩自制鲜食零食时，别忘了最重要的一大原则：我们可以利用"10% 规则"（即零食的热量不超过狗狗一天所需热量的 10%，详见 P.038）在以饲料或罐头为主的每日饮食中加入一些鲜食零食。每天准备一些可以与毛小孩分享的鲜食零食，除了贯彻自己的饮食哲学，还要满足毛小孩饮食的多样化。在这本书中，我们特别提供了包括计算狗狗每日所需热量、准备鲜食零食的原则与方法，以及选择饲料或罐头等每日主要粮食的原则等相关概念。

每个毛小孩都是独一无二的，因此一定要注意它对不同食材的反应。在选择鲜食零食时，也一定要考量毛小孩的身体状况，并寻求家庭兽医师的建议。在本书食谱中，我根据不同料理的成分标示出"*兽医师小叮咛"，提醒大家在给毛小孩吃自制鲜食零食前应考量的因素（例如：地瓜富含草酸，因此有草酸钙结石病史的毛小孩应避免食用）。

最后，希望这本书可以帮助大家对毛小孩的营养有更多的认识。最重要的是希望大家的毛小孩吃得健康、吃得快乐！

姜智凡

史丹利主厨

大家好，我是"主厨史丹利"，很开心各位毛小孩爸妈翻阅这本专为狗狗设计的食谱书！

在构想这本书的食谱时，我请教了姜智凡医师不少问题，深刻了解到"在制作人吃的东西时可以随性，但在制作宠物吃的鲜食时必须严谨！"调味料的使用、食材的克数、料理方式、食材选用……都不可不慎。

宠物吃的鲜食我们可以吃吗？当然可以！只是宠物吃的不需要调味，人吃的则可依自己的喜好添加不同的调味品，因此在这本书中，每道料理我都附上"主厨教你 毛小孩吃的东西，我们也可以吃"，和各位分享与毛小孩共享美味的秘诀。

秉持热爱创作料理的精神，就算是给毛小孩做的，我也非常重视摆盘与造型，例如：把蒸蛋变成"开心农场"（P.088）或用凤梨制作的"汪汪凤梨饺"（P.158），精致又吸睛！大家都知道甜点的热量极高，不适合宠物食用，因此构思本书食谱时，我花了不少心思设想如何用绞肉、鱼肉、鸡蛋等食材，变化出外形近似我们常吃的甜点，如慕斯蛋糕、闪电泡芙等，每一道皆有不同的巧思与创意，希望大家依食谱料理时，也能玩出乐趣、开心下厨！

为心爱的家人做料理是件幸福的事！想当初在为家中3个宝贝制作辅食时，虽然带小孩已经够辛苦了（甜蜜的负担啊），但我还是坚持自制最健康、最安心、最赏心悦目的辅食给他们吃。我相信对各位毛小孩爸妈来说，家中的狗狗就像自己的小孩，总想要给它最好的，看它吃得开心，自己内心也同样满足！

基本上，给宠物吃的料理都是"食材简单、步骤简易"，所以这本书也非常适合爸爸妈妈和小朋友一起来做亲子料理，为家中的毛小孩共同创造有爱的宠物鲜食零食！

CHEF 李建轩 Stanley

目录

第2章

史丹利主厨不藏私：
狗狗鲜食零食轻松做

第1章

专业兽医师贴心解答：
狗狗营养与饮食相关知识

一、我家毛小孩到底该吃饲料还是鲜食？

许多毛小孩爸妈都希望为家中的毛小孩亲手料理鲜食，但又常听说鲜食的营养不及饲料均衡，到底应该给它吃鲜食还是饲料呢？事实上，鲜食与饲料各有其优缺点。

饲料的优点一方面是方便，另一方面则是我们可以确定提供其所需的营养素，这是制作鲜食时比较容易忽略的。毛小孩爸妈给予家中毛小孩鲜食，虽然可以贯彻自己的饮食哲学，例如：吃素、吃某种肉类，但也比较不容易达到营养均衡。所谓的"营养均衡"并非是每种食物都吃一点儿就可以满足，举例来说，利用胡萝卜、花椰菜等食材作为毛小孩饮食中维生素的来源，可能会造成几个问题：第一，维生素含量在每一个胡萝卜或是每一株花椰菜中不尽相同，我们将难以估计狗狗的每日摄取量；第二，所有食材带入饮食中的不是只有维生素及矿物质，更多的是热量。为了满足家中毛小孩的必需营养素，使用全鲜食食谱（whole food approach）的主人只能被迫在"满足每日营养摄取"与"热量摄取过多"之间做抉择。

 ① 建议成长期的幼犬以饲料为主食

许多毛小孩爸妈都知道，自制鲜食常常会有营养不均衡的问题。根据一项2013年发表在美国兽医学期刊上的研究指出，200份来自网络博客和兽医相关书籍的鲜食食谱中，只有5份食谱中所含有的营养成分满足美国国家科学研究委员会（NRC，National Research Council）在2003年发表的刊物所建议的犬猫最低营养需求。

在这份研究中发现这些食谱最常缺失的营养素依次为：锌（矿物质）、胆碱（类维生素）、铜（矿物质）、多元不饱和脂肪酸（例如EPA以及DHA）以及钙等其他营养素。值得一提的是，在这些鲜食食谱中通常建议饲主以固定的频率替换食材（例如将鸡肉替换为牛肉），但是替换食材后的食谱与原本的食谱通常有相似的营养缺失。

根据毛小孩个体的差异调配完整且平衡的鲜食食谱并不容易。值得注意的是，比起成年动物，幼年成长期的动物对不均衡的鲜食反应更明显：第一，与饲料相比，一般自备鲜食的热量密度较低；第二，幼年动物体内营养素，例如：钙、磷或维生素的"库存"有限，一旦饮食中长期缺乏必须营养素，将造成严重后果。举例来说，在鲜食中存在常见的问题，如钙和锌缺乏以及钙磷不平衡，会影响幼年动物的骨骼发育。然而使用同样鲜食一段时间的成年动物却不容易出现这些问题，那是因为一般健康成年动物身上有足够的"库存"可以补充使用不均衡或不完整的鲜食所缺乏的营养素。

若要给予家中毛小孩鲜食，还是建议大家寻求经过兽医营养专科协会认证的营养专科兽医师的帮助，为你的毛小孩量身定做合适的鲜食。

❷ 饲料与罐头的安全性

有些毛小孩爸妈选择喂鲜食，除了为贯彻自己的饮食主张以及希望与心爱的毛小孩分享自己的饮食以外，有部分的饲主其实是"不相信商家与其产品"。饲料或是罐头产品因为各种各样的问题而被厂商召回的例子并不少见，但换个角度来说，商家召回产品也可以看作他们对自己的品牌以及自己生产的食物负责，就是因为不断地监控食物以确保品质稳定，才会在出现问题时将产品召回。

美国饲料管理协会（AAFCO，The Association of American Feed Control Officials）对认证饲料等宠物食品有相当多的准则，这些准则可以看作是基本的门槛。而提供能够达到这些标准的食物并稳定维持食物品质的商家，才可以满足我们对宠物食品的严格要求。

【饲料、鲜食与罐头的保存与其他特点】

饲料： 经过高温、高压处理，在此过程中虽然可以消灭食物里致病的微生物并减少内含水分，增加保存时间，但也可能在高温、高压的加工过程中产生梅纳反应（Maillard reaction），导致某些营养素因此改变而不易被肠胃利用吸收。

鲜食： 因为含水量较高且没有添加其他的添加剂或防腐剂，所以鲜食的保存时间较短。毛小孩爸妈可以每天制作鲜食，也可以一次制作2~3天的量，放在冰箱的冷冻室。鲜食的另一个优点是"动物对鲜食的消化利用率较高"，所以你会发现毛小孩吃了鲜食之后，粪便量会变少、更容易饿。那是因为这些食物更容易被它们的消化道吸收和利用。另外值得注意的是，以鲜食为主食的毛小孩因为可以从食物中获取相当多的水分，所以也可能减少喝水行为。

罐头： 同样含有较高的水分，罐头比鲜食又多了高温、高压处理的过程，而经过这样的处理之后食物已经经过灭菌，相对可以放得比较久。但是一旦打开罐头之后还是需要放在冰箱保存并尽快食用完毕，以免变质。

❸ 关于饲料、罐头、鲜食的Q&A

 饲料或罐头是不是会加很多添加剂？

市面上的饲料和罐头会添加抗菌剂（通常是一些有机酸）以及抗氧化物（例如维生素E、维生素C等物质）。以美国生产的饲料为例，在美国出售的宠物食品内含的添加剂必须遵守食品添加剂规范，并合乎AAFCO或是食品药物管理局（FDA，Food and Drug Administration）建立的规范。这些合乎标准的添加剂会被列入"安全添加剂表单"（GRAS，Generally Recognized As Safe）中，而只有列入表单内的添加剂才可以被加入宠物食品中。虽然少部分毛小孩可能因为个体差异而对这些添加剂有不良反应，但由于这些添加剂在食品内的量有限，因此大部分毛小孩并不会出现这些问题。

 如何判断饲料的成分是否均衡、品质好坏？

 为家中的毛小孩购买饲料时，你会考量什么呢？CP值、包装与广告吸引人的程度、自己的偏好等，是一般的毛小孩爸妈在选择饲料或罐头的出发点。然而从兽医师的立场出发，除了选择满足动物个体偏好的产品外，我们会以商家对其产品品质的管控以及该产品是否满足宠物所需营养来选择饲料。

$Q3$ 给予鲜食应注意什么？

1.避免反复加热

反复加热鲜食容易造成营养流失。如果毛小孩的每日营养与热量来源是经过设计并提供平衡完整营养的鲜食，但又无法每日现做，建议毛小孩爸妈一次做2~3天份鲜食，一份放在冰箱冷藏室，其余的则放在冷冻室，要给毛小孩吃的时候再退冰、加热就可以！

2.放凉再加营养补充品

毛小孩爸妈请注意，热腾腾的自制鲜食煮完后，千万别急着马上喂家中毛小孩！若需在食物中添加营养补充品，记得加热之后要先放凉，确定不会烫到自己也不会烫到毛小孩时，再加入营养补充品。因为有些营养补充品的成分（例如部分维生素及氨基酸）可能因受热而被破坏，所以放凉之后再添加营养补充品，除了能避免烫伤毛小孩的口舌，也能减少营养素被破坏的机会。

毛小孩挑食怎么办？

 许多人常会有"我家毛小孩会不会吃了一次鲜食，之后就有挑食的问题，不愿再吃饲料？"的疑虑。事实上，因为动物的个体差异，这里并没有绝对的答案，举例来说，我家的猫是吃全鲜食长大的，但前一阵子让它尝试饲料之后，它对于重口味的饲料特别喜欢。

在我的经验中，有些动物必须要靠经过设计的鲜食来控制疾病，因此必须在一段时间内密集食用鲜食。然而大部分的动物在病情稳定后还是可以顺利转换回以饲料为主食的生活。

如果家中的毛小孩吃一次鲜食就不愿再吃饲料，毛小孩爸妈可以从进食的规矩、节律来调整。这些与毛小孩行为有关，甚至与毛小孩爸妈决心有关的重点是可以控制、调整的，建议大家有这方面的疑问时，可和你的兽医师讨论。

 食物处理得越细小，
毛小孩吃进去会越好吸收？

只要毛小孩不被食物的颗粒噎到，都算是合适的大小，并不需要切很细碎或磨泥。以饲料颗粒为例，咀嚼可以增加饲料颗粒与牙齿之间的摩擦，因此带一些微口腔清洁的能力。

在某些情况下，例如：动物必须经由鼻胃管或是食道胃管进食，食物才需要磨得更碎以避免管道堵塞。对于食物颗粒的大小，我们关心的是食物是否会令动物噎到，食物的大小并不和吸收成正比，但过大的食物却可能增加毛小孩在进食时噎到的风险。

另外，狗狗在老年时因为肌肉萎缩或是牙齿脱落等问题影响进食的能力，将食物磨成泥可以帮助它们解决进食的问题。相对于此，幼犬在牙齿长出来之后，可以从大小适中、泡软的饲料开始，除了帮助它们促进咬肌的发育，还可以使乳牙换成恒齿的过程更顺利。建议毛小孩爸妈在成长期幼犬这个阶段使用对幼犬营养照护较为完整的饲料作为每日营养来源。

 狗狗吃生食有哪些风险?

 "我可以让我家狗狗吃生食吗？"这是最近临床上常常被问到的问题。有些制造生食的厂商会宣传生肉是宠物的超级食物，容易消化且营养丰富。但从兽医师的角度来说，生肉不但会对狗狗构成风险，也可能危害饲主的健康。我们建议避免给予生食的主要原因有两个：

1.公共卫生的隐忧

最近常常可以听到许多商家制造的生食产品因为生菌数过高而被召回，这些产品被验出含有超量的李斯特菌或沙门氏菌等人畜共通的致病菌。动物吃进这些含菌的生食后，依照其健康状况，可能会有从无异样到轻微的肠道症状等反应。但曾经吃过染菌生食的狗狗，可以在接下来的数周内不断排放出这些细菌而影响周遭的人类或是其他动物。

这些被排放出来的致病菌可能污染公园的草地甚至是动物医院的空间，对兽医医疗从业人员以及其他人员（例如病人以及孕妇）的健

康造成影响。所以我常向毛小孩爸妈强调——只有食物中的致病微生物被完全消灭，才是适合毛小孩的安全食物。

2.目前并无证据支持"生食优于其他饮食选择"的立论

事实上，不只是来源于不同动物骨骼肌的蛋白质有类似的氨基酸组成，生肉和煮熟的肉在营养成分上也无区别。如果希望可以利用饮食鼓励饮水，鲜食或罐头都是比生食安全的方式。对于烹饪食物的最低限度可以参考美国FDA提供的建议：烹调肉品时如果可以达到核心温度74℃以上，就可以安心食用。

目前我们不建议让家中毛小孩食用生食，最主要的出发点除了食品卫生问题以外，并没有强力的证据能够证明生食优于罐头、饲料甚至鲜食则是另一个主要的原因。

【 打破生食好处的误区 】

毛小孩爸妈是否常看到一些主张生食优点的广告而深深被吸引呢？这些广告多会传达"吃了生食的狗狗毛发会变得更漂亮""因为是鲜肉所以可从食物中获得更多水分，对它们的肾脏健康有帮助"等概念，甚至有些广告主张生食是狗的祖先狼所食用的最原始食物，因此符合犬最自然的生理需求。这些吸引人的营销手法其实内含我们人类对动物营养学的误区！

接下来，就让我们一起探讨关于许多人对生食常有的两大误区吧！

误区一：狗狗吃了生食，皮毛更亮丽。

为什么吃了生食的动物皮毛更亮丽？首先，高蛋白质与高脂肪可能是主要的原因。一般出现在市场上的生食产品多含有以肉类等蛋白质为主的配方，部分产品甚至是纯肉。其次，在这样的配方中，偏高的蛋白质与脂肪不但能提供狗狗所需热量也有助于主成分为蛋白质的皮毛生长，而配方中偏高的脂肪也是皮毛亮丽的一个原因。当每日的饮食有较高含量的脂肪与蛋白质时，的确可以让狗狗的皮毛变得更漂亮，但这却与生食本身无绝对关系。

误区二：生食所提供的营养才能最自然地满足狗的营养需求。

从动物频道看到野外的狼群在有一餐没一餐地吃猎物的肉，也许会想到自己家里的狗应该要追随祖先以生食为食，但事实真是如此吗？第一，在人类与狗共同演化的过程中，狗的消化系统对煮熟食物的利用率与对生食的利用率已经没有差异；第二，生食并不帮助狼群延年益寿，在自然环境中以生食为主食的狼其实冒了非常多的风险，这些风险包括牙齿断裂以及消化道疾病；第三，生食并不适合身体状况异常的狗狗，真正的狼群食用的生食包含猎物的内脏以及肠内容物以满足必需维生素与其他蛋白质以外的营养，单就以内脏作为必需营养素的来源这点来说，生食就并不适合有肾脏与肝脏疾病的狗狗。

最重要的是，许多广告商推广生食是最符合狗、猫生理机能的食物，但是目前并没有相关的证据可以证明生食优于煮熟的鲜食或在严格监管下制作的商品粮。

三、认识狗狗 所需的营养素

 ① 狗狗所需的基本营养素

狗狗所需要的营养素其实与其他生物所需的营养素相似，提供热量的营养素是蛋白质、脂肪、碳水化合物。除此之外，一些维生素、矿物质及最重要的水，也是动物不可或缺的营养来源。

【 提供热量的三大营养素 】

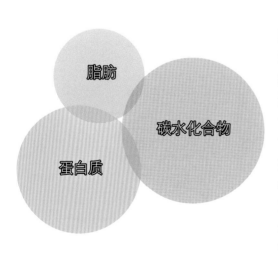

食物的热量主要来自蛋白质、脂肪、碳水化合物这三大营养素。这三者的互动影响了我们对于特殊疾病营养照护的饮食选择。任何对这些营养素比例的改动都会影响饮食的特性，牵一发动全身。举例来说，为了减少肾脏病动物的蛋白质摄取，势必要提升脂肪与碳水化合物的比例以满足动物所需的热量。对于同时有脂肪代谢疾病的肾脏病动物来说，则必须大量增加饮食中碳水化合物的含量才能满足热量需求。

所需营养素1：蛋白质

在一般的饲料中，动物的骨骼肌常作为主要的蛋白质来源。这些来自骨骼肌的蛋白质大多由近似的氨基酸组成，在不考虑狗狗对不同蛋白质消化差异以及对特定蛋白质会产生过敏反应的情况下，并没有特定肉类优于其他选择的情况。

通常动物蛋白质（例如肉类）会优于植物蛋白质（例如大豆），因为植物蛋白质缺少部分氨基酸，例如精氨酸（arginine）与牛磺酸（taurine）。除了缺少这些氨基酸外，植物不同的生长过程也会造成植物蛋白质的氨基酸组成无法预测的问题，所以我们会推荐动物性蛋白质。

在动物蛋白质中，"鸡蛋"的氨基酸组成是最完整的，而且非常容易消化，也是生物可利用率非常高的一种蛋白质，不过需特别注意过量摄取蛋黄可能会有维生素A与脂肪摄取过量的问题。在调整饮食中的蛋白质含量时，需要注意家中毛小孩是否有特殊疾病，例如：肾脏、肝脏疾病等。

所需营养素2：脂肪

为何"脂肪"为狗狗所需的热量来源呢？除了提供热量，脂肪不仅与毛发光泽和皮肤健康有关，其中的必需脂肪酸对于神经发育以及免疫系统调节更为重要。举例来说，亚麻油酸（linoleic acid）是每只狗狗都需要的一种必需脂肪酸，亚麻油酸可以从陆生植物（如玉米）或是陆生禽类（如鸡肉）的脂肪中获取。其他的必需脂肪酸还包括鱼油里的DHA，DHA与新生动物的神经系统发育相关。

每克脂肪在饮食中可提供接近9kcal（1kcal=4.18kJ）的热量，所以是一般宠物食品重要的热量来源。对狗狗而言，摄取脂肪是为了满足"必需脂肪酸"的需求以及帮助脂溶性维生素吸收，因此每日脂肪的摄取量并没有限制。然而对于患有脂肪代谢有关疾病（例如胰脏炎或是脂血症）的毛小孩，我们必须特别注意饮食中的脂肪含量。在本书食谱中，若有脂肪含量较高的鲜食零食，皆会有"＊兽医师小叮咛"的标示特别提醒各位毛小孩爸妈！

所需营养素3：碳水化合物

碳水化合物中的膳食纤维除了可以增加饱腹感也可以帮助肠胃蠕动、促进肠胃道健康。

饮食中的热量来源于蛋白质、脂肪与碳水化合物。当我们需要靠调整蛋白质或是脂肪的含量控制疾病时，为了满足热量需求，便会调整饮食中碳水化合物的含量。举例来说，患有肾脏疾病以及胰脏炎的狗狗需要降低饮食中蛋白质及脂肪的含量，这时我们便需要提高饮食中碳水化合物的含量来满足每日热量所需。

所需营养素4：维生素

维生素对细胞代谢相当重要，而狗狗的必需维生素与人类所需维生素有些不同。举例来说，维生素B_2、烟碱酸与维生素B_6等B族维生素与糖类以及脂肪能量代谢有关，而B族维生素的成员大多为狗狗的必需维生素。硫胺素（thiamin）为狗狗必需的维生素之一，当这个水溶性维生素发生急性缺乏时狗狗可能出现到中枢神经症状，淡水鱼组织中含有的硫胺素酶（thiaminase）可能会破坏食物中的硫胺素，因此切勿生食淡水鱼。对狗狗来说，因为皮肤受到光照产生的代谢反应不同于人类，所以狗狗无法像我们一样经由日晒获得足够的维生素D。另外，由于狗狗可在肝脏利用葡萄糖合成维生素C，因此

不需要额外补充。值得一提的是，维生素C是草酸的前驱物，有草酸钙结石病史的动物需多加注意。

所需营养素5：矿物质

矿物质也是狗狗重要的营养素。最常见的钾与钠影响了神经细胞的传导、细胞内液体与细胞外液体的比例，而钙与磷也与幼年动物的成长相关。举例来说，饮食中不平衡的钙磷比可能在幼年动物中造成营养性骨病。使用满足AAFCO成长期幼犬营养需求建议的商品粮可以有效地满足成长期的需求。对于大型或是巨型犬种，则需要特别注意体重增加速度过快的问题。体重增加速度过快，可能增加关节负担并影响生活品质。

虽然磷对肾脏的伤害还有待更多研究支持，但是有肾脏病的动物需尽量避免吃富含磷的食物（通常含有大量动物内脏的食物有较高的磷）。

【狗狗吃东西的目的在于摄取热量，而非追求美味！】

狗狗吃东西主要是为了满足热量需求，以维持生命活动，享受美味反而是其次，但是不同的动物对食物还是会有不同的偏好。就像每个人都有自己喜欢的食物一样。有些狗狗可能比较喜欢软的食物，有些狗狗则对甜的食物无法抗拒。

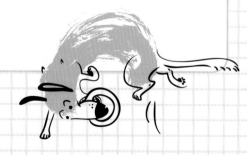

❷ 不同阶段狗狗所需的营养素

市面上流通的饲料通常依年龄分成幼犬、成年犬、高龄犬等不同阶段，另外常见的还有依健康状态设计的特殊配方，例如：体重控制的饲料。针对这些生命阶段与特殊需求设计的饮食各有差异。以下分别向大家概略介绍这些饮食的特色。

幼犬与成年犬

对于成长期幼犬来说，除了饮食需要提供足够的热量以及必需脂肪酸、必需氨基酸和维生素、矿物质以外，**为了避免骨骼发育异常，我们还需要特别注意饮食中钙磷的比例。**

根据AAFCO提供的建议，成长期幼犬饮食中的钙磷比例在1∶1~1.8∶1之间。而大型或巨型犬的成长期幼犬饮食则需要稍微降低钙的量，以产生1∶1~1.5∶1之间的钙磷比。饮食中若有过多的钙以及过高的热量会导致大型或巨型犬骨骼发育异常并造成骨关节疾病。除此之外，商品化的成长期幼年动物的饮食热量密度通常高于一般成年动物的饮食热量密度。

不论在哪个生命阶段，必需氨基酸、必需维生素以及必需脂肪酸都是饮食中不可或缺的元素。不同于幼犬，成年犬的肝脏提供了部分维生素B、脂溶性维生素以及糖类的库存；成年犬的骨骼提供了矿物质的库存。因为有这些库存，完成生长发育的成年犬对于短时间不均衡的饮食有相当的耐受性。品质优良的维持期商品粮（maintenance diet）或完整且均衡的鲜食食谱对于这个生命阶段的狗狗都是合宜的选择。

高龄犬

对高龄犬来说，需要注意通常伴随器官退化造成的疾病，因此饮食需求依个体而异。另外，高龄犬肠胃道吸收利用脂肪与蛋白质的能力下降，因此高龄犬的饮食原则为提供好吸收、好消化的食物。对于不同的个体需求，建议可以咨询兽医师。

控制体重使用的粮食通常具备以下特点：❶相对于其他商品粮，在同样重量下有较少的热量；❷较低的脂肪含量；❸与同样热量的其他食品比较，有相对高的营养素浓度及相对高的蛋白质含量；❹与同样热量的其他食品比较，有较高的纤维含量。

 ❸ 用公式算出狗狗一天所需的热量和水分

通过静止能量需求（RER，Resting Energy Requirements）公式，我们可以用狗狗体重（kg）算出每日所需的热量（kcal/日）以及水分（mL/日）需求。此公式是用于计算处于休息状况的健康动物在环境温度适中时维持生命运作的基本需求所需要的热量。RER公式的计算方式如下：

$$RER = 70 \times [\text{体重（kg）}]^{0.75}$$

计算每日基本活动的热量需求时，我们则需要利用维持能量需求（MER，Maintenance Energy Requirements）。我们可以利用RER乘上一个"动物生理状况"的系数来计算MER。举例来说，未绝育的10kg成年犬的RER为70 x $(10)^{0.75}$ =393.6 kcal/日，而其MER = RER x 系数= 393.6 x 1.8 = 708.5 kcal/日。

狗狗的生命状态	系数
未绝育	1.8
绝育	1.6
控制体重	1.0~1.4 （请参考兽医师的建议， 选择合适的减重计划）

【狗狗的"每日摄取热量占每日所需热量百分比"的分布图】

在实验室的环境中，研究人员在比较"利用公式计算出的热量需求"与"实验环境下所得的实际热量需求"后，发现每个个体对能量的需求有呈现常态分布的差异。近50%的动物呈现多于公式计算出的高热量需求，而也有近50%的动物呈现不同程度的低热量需求。只有定时追踪健康状况才能靠着不断修正饮食计划来满足每个个体独特的需求。

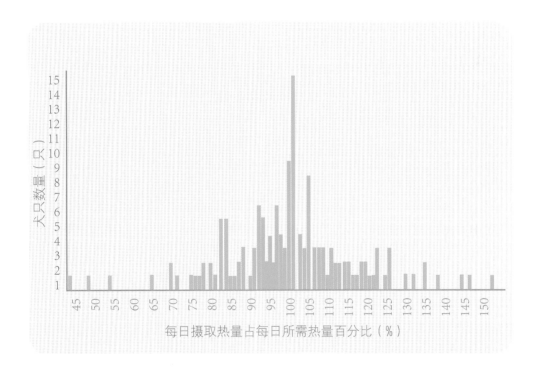

水分方面，我们用公式算出来的热量，只要把热量的单位千卡换成毫升，即为每日所需的水分。必须注意的是，计算出的每日饮水量是估计值，气温、动物活动量以及动物主食的种类都可能影响每日的水分需求。

以下提供"体况评分表"，它可以帮助我们在日常生活中评估毛小孩体态，除了可以即时监控体态变化，也可以借此更加了解它的健康状况，体况评分的表还可以帮助兽医师调整毛小孩每日摄取的热量。

【体况评分表】

分数	说明	图示
1	可明显看到肋骨、腰椎及骨盆的棱角。无可见的体脂肪。骨骼肌量明显减少。	 *1*
2	肋骨、腰椎及骨盆的棱角可见。无可见体脂肪。骨骼肌量略微减少。	
3	因为无多余脂肪，所以在触诊时可轻易摸到肋骨。视诊可见肋骨及部分腰椎与骨盆棱角。腰线明显且小腹紧缩。	 *3*
4	可隔着少量脂肪轻易触诊肋骨。面对动物时可见腰线。从侧面可见紧缩的小腹。	
5	可隔着适量脂肪触诊肋骨，从动物上方可见漏斗状腰线。从侧面可见紧缩的小腹。	 *5*
6	可隔着稍多的脂肪触诊肋骨，从动物上方可见腰线但不明显。小腹紧缩。	
7	皮下脂肪堆积造成需要用力加压才能触诊肋骨。在腰际与尾巴根部可见脂肪堆积。腰线不可见。	 *7*
8	因为胸廓外脂肪堆积造成肋骨触诊困难，在腰际与尾巴根部有大量脂肪堆积。腰线不可见。可见小腹。	
9	大量的皮下脂肪堆积在胸廓、腰际与尾巴根部等部位。腰线不可见。小腹突出。	 *9*

过瘦：1、2、3

理想：4、5

过胖：6、7、8、9

❹ 关于狗狗的肥胖问题Q&A

对狗狗来说，什么算是"肥胖"呢？当摄取的热量高于所需的热量，这些热量就会开始以其他形式堆积在狗狗身上。脂肪是一个最常见的形式，额外的体脂肪带来的不只是圆滚滚的外形，也是各种与肥胖有关的病痛之源。

兽医师在定义狗狗肥胖的时候利用的是体况评分指标（BCS，Body Condition Score），这是一个类似人类身体质量指数（BMI，Body Mass Index）的评分指标。在这个指标中，评分为4分或5分的狗被视为是理想体态，而9分是肥胖，1分是病态消瘦。参考"宠物肥胖防治协会（APOP，Association for Pet Obesity Prevention）"利用2017年临床调查所做出的报告，在美国有56%的狗被兽医师归类为过重（BCS为6分或7分）或是肥胖（BCS为8分或9分）。就像人类的肥胖问题，动物的肥胖在发达国家和发展中国家有越来越严重的趋势。

 肥胖的狗狗会有哪些问题？

 肥胖对家中的毛小孩会有什么影响呢？脂肪细胞除了会分泌打乱内分泌平衡的激素，也会在其周边产生炎症反应。脂肪细胞分泌的激素影响胰岛素的分泌，因此影响正常的细胞代谢。**而脂肪细胞内富含的脂肪酸是炎症反应物质主要的前驱物，这些炎症反应和心血管疾病、内分泌异常和高脂血症都相关。**

除此之外，**动物身上额外的脂肪细胞可能造成全身关节的额外负担，这些负担加上全身丰沛的炎症疾病，就会让与骨关节疾病有关的疼痛一发不可收拾。**额外的脂肪如果堆积在气管周边也是小型犬气管狭窄或是气管塌陷的元凶之一。

造成肥胖的风险因子有哪些?

在谈论处理狗狗肥胖问题的方法之前，必须先谈谈造成它肥胖的原因。肥胖是一个多因子的问题，除了单纯摄取过多热量（自由饮食高热量的食物）外，内分泌问题（例如狗的甲状腺功能低下）或突然减少热量需求（例如绝育后造成的生理机能改变）也都可能与动物的肥胖问题有关。

虽然原因尚未明朗，但是对狗狗来说，肥胖可能也与品种有关。我在2017年针对UC Davis兽医教学医院病患的调查中发现，有些常见的狗种，例如：拉不拉多、米格鲁、腊肠、可卡犬（Cocker spaniel）与其他狗种相比更容易有体重过重的问题。这个研究也发现，与其他纯种狗相比米克斯有较低的肥胖风险。

比起处理肥胖问题，"预防肥胖"是每个饲主更容易完成的任务。除了了解家中毛小孩的每日热量所需之外，时时关注它的体重与活动量也相当重要。如果发现自己家的毛小孩是高风险族群（特殊品种或是已绝育等），建议咨询兽医师并选择合适的控制体重策略。

 ## 狗狗的减重该如何进行?

 一旦家中的毛小孩已经被诊断为体重过重以及肥胖，着手处理肥胖问题便成为当务之急！一般的减重计划中不可或缺的3件事就是：❶饲主的信心与决心；❷兽医师与饲主的沟通；❸准确计算的动物每日所需热量。

毛小孩爸妈可以用每2~3周的频率持续记录家中毛小孩的体重，我们希望它能以每周降低1%~2%体重的速率安全减重。虽然这个过程漫长且难熬，但减重过快除了增加复胖的机会，也会增加肌肉质量流失的风险。请各位毛小孩爸妈在发现家中毛小孩有肥胖问题时，尽快与兽医师联络，并妥善规划合适的减重计划。

兽医帅来帮大家解答

三、狗狗的饮食习性与挑食问题

❶ 关于狗狗吃饭狼吞虎咽的问题

相信毛小孩爸妈看到家中的毛小孩吃得又急又快时，都会担心是否会造成不良的影响。其实大部分狗狗吃饭还是会咬，但它们咬的动作是为了将食物剪碎、方便进食。因为牙齿结构的关系，造成狗狗与人类不太一样的咀嚼方式。人有臼齿，可以把食物磨碎，但狗狗主要是利用像剪刀一样的上下排前臼齿与臼齿来切碎食物。

因为狗狗吃饭的习惯，身为毛小孩爸妈的我们就要特别注意给予它的食物是否会让它噎到。举例来说，过大的水果切片或过大的零食，很可能在它吞咽时噎到它。所以我们要依家中毛小孩的体形选择合适的食物，建议如果可以的话，尽量将食物切成小片或小块。

狗狗狼吞虎咽会不会消化不良？其实消化不良等肠胃不适除了与食物的内容有关以外，有时候也会和给予狗狗食物的方式有关。如果狗狗总是吃得又急又快，建议可以将喂食的规律稍做调整，并以热量为基准分配食量。例如：从一天吃一餐400kcal改为一天两餐或三餐，把食物的分量以及热量平均分配。慢食碗也是一个选择，借由碗内的设计让狗狗需要花点儿时间才能吃完碗内的食物。

❷ 关于狗狗的挑食问题

挑食，是很多毛小孩爸妈烦恼的问题，但在认定狗狗挑食前，我们必须先确定它是否有任何身体不适，可能造成食欲不佳。有时不吃饭或只挑喜欢的东西吃，是因为某些疾病正在发生，食欲变差是生病常见的症状。所以在处理挑食问题之前，一定要先厘清食欲不佳的真正原因。

观察平常食量与生活起居状况，并与兽医师讨论，如果确定狗狗没有健康上的问题，只是单纯偏好某些特定的食物，我们便可以试着解决挑食的问题。调整喂食规律以及训练用餐规则，可以控制大部分的挑食状况。举例来说，有些聪明的小型犬，例如：马尔济斯、贵宾等，在与毛小孩爸妈拉锯之间，它们发现只要不吃饲料就有其他好东西可吃，因此养成挑食的习惯。遇到类似情形时，最简单的做法就是先和其他家人沟通好每天应该要喂食哪些食物以及多少食物，还有决定要在什么时候给予、在何处给予（建议所有给狗狗的食物都先放在食碗中，可以建立进食的规则）。除此之外，全家人都必须遵守规则，不再给它其他食物。虽然听起来很残酷，但对这些聪明的动物可绝对不能心软喔！

❸ 狗狗天生爱吃甜食

虽然不同的狗狗有个体差异，但大部分的狗狗喜欢甜的食物。当狗狗不太喝水时，为了鼓励它喝水，可以试着在水里面加一点点蜂蜜或砂糖，以提高想喝水的意愿。

有时候甜食也可以帮助喂药，例如：把药塞在棉花糖或甜饼干里给狗狗吃（若给棉花糖吃，须选择无色素、成分单纯的产品，例如：柯克兰的棉花糖，因其标示非常清楚且成分单纯）。

花生酱也是狗狗的甜食选项之一，但是在给狗狗吃花生酱（选择无添加盐分的产品）之前一定要注意热量以及注意狗狗是否患有需要控制脂肪摄取的疾病。另外因为花生酱热量非常高，所以并不是一个理想的零食选项。假设一只动物经过计算后每日能够从零食摄取的热量是20kcal，则一天所能吃的花生酱可能不到一茶匙。

此外，冰块也是一个不错的零食，特别是在夏天可用来鼓励狗狗喝水。如果毛小孩爸妈有兴趣尝试的话，甚至可以给予成分简单的冰激凌或是自制的冰激凌。**在本书中，我们也教大家如何自制凤梨牛奶冰激凌（P.154），让你的毛小孩吃得更天然、更安心！**不过需要注意大部分冰激凌是乳制品，成年动物可能因为乳糖不耐受的问题，而出现腹泻的症状。

 ④ 毛小孩爸妈最想知道的狗狗饮食习性Q&A

 人吃的食物可以给狗狗吃吗？

　　基本上，给予鲜食就是把人吃的食物给狗狗吃，但食材、调味、烹调方式却大不同。我们吃的某些食物是并不能给狗狗吃的，例如：洋葱、大蒜，这些食材中的硫化物会造成溶血；葡萄和葡萄干里的化学物质（酚类）会造成急性的肾衰竭；巧克力或咖啡的可可碱，不但有心毒性还会造成神经性症状。夏威夷豆也不太适合给狗狗吃，会造成一些神经症状以及腹泻或是肠胃道症状。还有无糖饮料和无糖口香糖，这些产品含有木糖醇，不但有肝毒性还可能造成低血糖。其他具有咖啡因的食物（如提神饮料、咖啡以及茶）甚至是酒精都应避免。

洋葱和大蒜　　葡萄和葡萄干　　夏威夷豆　　无糖饮料和无糖口香糖　　巧克力和咖啡

有些食物对狗狗没有致命的危险，但需要注意摄取的量，例如：牛奶，大部分的成年动物缺少对应的酵素，所以代谢乳糖的能力很差，大量摄取牛奶可能造成腹泻；酪梨、酪梨醇对鸟具有危险的毒性，但对狗则影响不大，须注意的是若狗狗吃太多酪梨还是可能会有腹泻的情况；西瓜是补充水分不错的来源，给狗狗吃之前记得去籽，注意食用过多可能也会造成腹泻。

苹果对狗狗来说是不错的食物，但须注意要把苹果去核、去皮、切小块，避免狗狗因狼吞虎咽而被噎到。若要喂番石榴，则要把里面的核全部切掉，洗干净、切小片再给它们吃。

就像所有的零食一样，水果还是有热量的，来自零食的热量不要超过狗狗一天热量所需的10%，以免造成营养不均衡的问题。例如：苹果虽然富含维生素C、维生素A，糖类及蛋白质，但并没办法满足完整的营养需求。不论是水果或是其他零食，一旦狗狗从这些零食中获得超过每日10%的热量，造成的不只是肥胖，还会影响它从主食摄取指定热量时所摄取的其他营养。

 狗狗一天到底要吃几餐？

 对于不同的毛小孩来说，一天应该吃几餐其实并没有准确的答案，最主要还是须考量家中毛小孩的饮食习惯与毛小孩爸妈的方便性。建议一天可以给2~3餐，把每天的热量平均分配到这2~3餐之中。

四、自制鲜食零食知多少

 ① 自制鲜食零食的好处

越来越多的毛小孩爸妈选择为心爱的毛小孩制作鲜食零食，在这本书中，我们强调"没有百分百适合所有狗狗的鲜食食谱，但毛小孩爸妈可以利用鲜食作为零食来增加毛小孩的饮食变化"。自制鲜食零食有以下几项优点。

1 不含防腐剂、添加剂，来源更安心。

2 可依动物的需求定制，例如：家中狗狗有肾脏的问题，可制作蛋白质和磷含量比较低的零食。如果狗狗有肥胖的问题，可以准备以蔬菜为主的零食，比如蔬菜棒，以低热量的零食丰富它的饮食。

3 增加饮食的多样性。

4 增进饲主与动物的关系。

❷ 自制鲜食零食的注意事项

　　狗狗吃的鲜食和我们给婴儿吃的辅食相似，有许多细节需要注意，且在食材选择、热量评估上，也都须特别注意！自制鲜食零食时须注意以下事项。

① 肉类一定要煮熟。

② 蔬菜一定要洗净，尽量是以煮熟的方式给它们吃。

③ 避免使用不适合狗狗的食材（例如：巧克力、葡萄等）。

④ 避免太复杂的食物，食材以新鲜、单纯为主。

⑤ 制作过程中注意卫生问题。

⑥ 建议记录给予的食物内容和量，若狗狗产生对食材的不良反应，可以作为兽医师诊断和未来食物选择的参考。

❸ 自制鲜食零食的保存方式

　　毛小孩爸妈平日生活忙碌，可能无法每日亲手做鲜食，在自制鲜食零食时，除了现煮，也可以冷冻及冷藏保存。

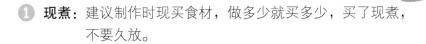

① **现煮：** 建议制作时现买食材，做多少就买多少，买了现煮，不要久放。

② **冷冻及冷藏：** 一次不宜制作太大的量，建议可以准备3~5天的量，将2~4天的零食放冷冻室，一天的放冷藏室。

❹ 给予自制鲜食零食的限制

给狗狗吃鲜食零食的频率并没有限制，主要的限制是"来自零食的热量"（即前面P.038提到的，不可超过一天所需热量的10%）。对狗狗来说，给予零食的频率当然越频繁越好，从狗狗的心情出发，因为常常有东西可吃是件值得开心的事。只要注意热量不超标、饮食禁忌与个体差异的大原则，各位毛小孩爸妈都可以参考本书食谱，或发挥自己的想象力准备狗狗的鲜食零食喔！

【 不同时机给予毛小孩鲜食零食的好处 】👍

❶ 能够鼓励毛小孩的好行为

例如：当毛小孩做了一件值得鼓励的事情时，就有零食吃，这样正向的回馈除了建立人跟动物之间的正向关系以外，还可以借此让它将特定的行为与获得零食的快乐连结在一起。

❷ 能帮助喂药

如果饲主不太习惯用手帮狗喂药，那么零食是个好工具。例如：利用棉花糖、自制肉团，都是帮助喂药的方法。

❸ 在热量限制下自由给予

如前所述，只要热量在10%以下，毛小孩爸妈就可以发挥自己的想象力给它鲜食零食吃。

五、关于狗狗的口腔卫生

 ❶ 让狗狗从小养成洁牙习惯

从幼犬阶段就帮它养成洁牙习惯，有以下几项好处。第一，与成年犬相比，训练幼犬的过程对毛小孩爸妈以及毛小孩来说都是相对轻松的过程；第二，在幼犬换牙的过程中，如果适当刺激它的牙龈，包括吃干饲料，都可以帮助它换牙。

在让幼犬接受刷牙时，需尽量避免太夸张的肢体动作。首先温柔缓慢地靠近它并尝试把手放进它嘴里，抚摸靠近口唇的牙龈与牙齿交界处，让它慢慢习惯洁牙。零食在此时可以作为鼓励并帮助训练。接着可以继续使用沾湿的软布或是儿童牙刷帮它洁牙。

在开始教成年犬洁牙时，同样也需以鼓励的方式，并尽量在有趣、轻松的气氛下进行。例如：利用狗狗向坐在沙发上的饲主撒娇的机会，饲主可以一边摸它，一边偷偷把手伸到它嘴里，摸它的牙龈。善用语言或是零食鼓励可以帮助狗狗习惯这个动作，慢慢地它就会觉得这件事其实没有那么讨厌。当狗狗可以习惯这个行为时再逐渐开始使用沾湿的软布或儿童牙刷帮它洁牙。

洁牙的重点是经过物理性的摩擦动作，可以减少牙菌斑堆积，并增进齿龈健康。当然，如果狗狗已经有严重的牙结石，还是需要请兽医师帮它进行全身麻醉的齿龈清洁术，也就是常说的"洗牙"。洗牙时需全身麻醉，对于不同健康状态的狗狗有不同的风险，建议与兽医师仔细沟通。虽然洗牙有其风险，但这是对抗已存在的牙结石与处理摇摇欲坠的牙齿最好的方法。在进行齿龈清洁术的同时，兽医师也可以利用齿科X光以及进阶齿科检查建立狗狗专属的齿科病历。

然而洗牙之后还需要靠洁牙维持狗狗的口腔健康，因此让狗狗从幼犬阶段开始养成洁牙的习惯是维持口腔健康最好的方式。如果对训练狗狗洁牙有所疑惑，也可以请教兽医师。

❷ 洁牙骨知多少

有些饲主会担心洁牙骨含有化学的东西，对狗狗不好。在购买洁牙骨或其他洁牙商品（包括牙膏、洁牙零食、有洁牙功能的饲料）时，建议确认包装上是否有兽医口腔健康协会VOHC（Veterinary Oral Health Council）的标章，因为兽医口腔健康协会所认证的洁牙产品，具有一定的公信力以及科学根据，能支持该商品维持口腔健康的效果。

资料来源：American Veterinary Dental College

需要注意的是，洁牙骨也有热量。有些洁牙骨还含有抑菌成分以及色素等添加剂，使用这些洁牙骨后，有些比较敏感的狗狗会出现轻微的肠胃道症状，所以购买时除了须认明VOHC的标章，还要选择一种适合自己宠物的洁牙产品。

❸ 干饲料对狗狗牙齿的正面效果

与软质食物相比，干饲料能摩擦狗狗的牙齿，对齿龈健康有正面效果。建议幼犬在成长过程中，可以从3~4周龄起开始吃泡软的干饲料，再逐渐换成干饲料。干饲料其实可以刺激牙龈、帮助咬肌发育与幼犬换牙。

在这里需要注意的是，狗狗牙齿外形并不规则，所以利用干饲料甚至洁牙骨清洁牙齿的效果可能有限。因此除了由兽医师进行的齿龈清洁术，亲自帮狗狗洁牙也是无可取代的日常口腔护理方式。

第2章

史丹利主厨不藏私：
狗狗鲜食零食轻松做

欢迎来到
主厨秘方教室!

一、轻松自制鲜食零食秘诀1：料理必备工具篇

料理棒

制作狗狗的鲜食零食时，我经常使用料理棒将肉类打成泥，以创造出更多有创意的零食变化。料理棒轻巧好清洗，能制作少分量的料理，非常适合作为制作狗狗鲜食零食的工具。

料理棒除了可以将肉类、蔬菜打成泥之外，也可以打果汁、打浓汤，非常方便。建议各位毛小孩爸妈在为家中毛小孩制作鲜食零食前，可以选择自己喜欢的料理棒或食物料理机，若无料理棒或食物料理机，部分料理也可使用果汁机替代。

打肉泥！　　　打果汁！　　　打浓汤！

烤箱/不粘锅

制作毛小孩的料理时，为避免让它摄取过多脂肪，我们一般不建议使用油炸的烹调方式。在本书的食谱中，我们最常使用烘烤、水煮或蒸煮的料理方式。使用不粘锅，可以用比较少的油，不会增加毛小孩的负担。

此外，书中使用的烤箱为一般家用烤箱，且皆以图式标示出"温度、时间"，让各位毛小孩爸妈使用本书更方便！

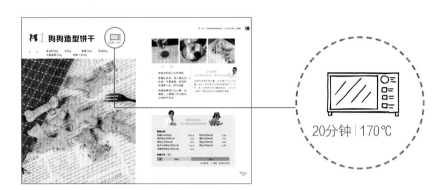

20分钟丨170℃

兽医师这样说

关于制作毛小孩料理的"烹调方式"，我们建议水煮、微波、清蒸、干煎、适量油煎、洗净生食、烤、适量油炒。

🐾 料理秤

我平时做料理给亲友品尝都非常随性，调味料、食材用量皆凭感觉添加，通过这次与兽医师一起讨论食谱时，才知道做鲜食给毛小孩吃，要注意这么多事情。尤其食材的用量更是不能只写"少许或适量"。

书中食谱的食材除特别标示的外，重量皆为"未煮熟"的重量，单位为"kg"，因此在毛小孩爸妈制作鲜食零食时，"料理秤"是厨房中不可或缺的工具！

 夹链袋

毛小孩爸妈生活忙碌，无法经常制作鲜食零食，因此了解正确的保存方式格外重要。其中，"夹链袋"就是个保存食物的好帮手，放在冷冻室也不占空间，非常方便。

因为空气中有许多杂菌，为了避免食物接触到杂菌而变质，在使用夹链袋时，一定要把空气排出。

使用夹链袋的注意事项

① 彻底密封

空气是冷冻的大敌，用夹链袋保存食物时，一定要保持真空。若夹链袋中有空气，食物容易因水分流失而变得干涩。

② 每袋冷冻的分量不要太多

建议一袋装一餐的量冷冻，不但使用更方便，还可以缩短冷冻与解冻的时间。

③ 不可重复使用

夹链袋装食物只能使用一次，千万不要将使用过的夹链袋清洗后又重复使用！

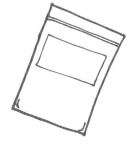

夹链袋使用小窍门

　　一般家庭不像餐厅有真空机，因此我在这里特别提供给大家简易方便的"隔水压力法"，利用水的压力将空气排出，就能轻松保存食物啰！

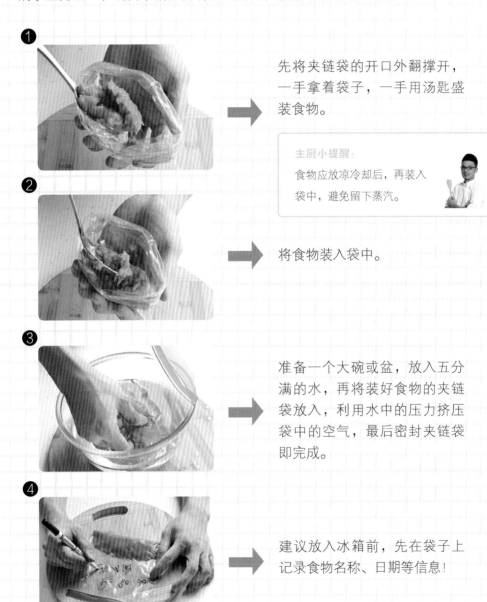

1 先将夹链袋的开口外翻撑开，一手拿着袋子，一手用汤匙盛装食物。

> **主厨小提醒：**
> 食物应放凉冷却后，再装入袋中，避免留下蒸汽。

2 将食物装入袋中。

3 准备一个大碗或盆，放入五分满的水，再将装好食物的夹链袋放入，利用水中的压力挤压袋中的空气，最后密封夹链袋即完成。

4 建议放入冰箱前，先在袋子上记录食物名称、日期等信息！

欢迎来到
主厨秘方教室！

二、轻松自制鲜食零食秘诀2：
食材处理技巧篇

 "蘑菇" 的清洗方式

　　蘑菇圆滚滚的外形非常可爱，许多人料理前可能会冲水清洗。其实蘑菇的种植条件严格，一般多种在日光温室中，大多都很干净（顶多表面附着泥土或黑点）。建议大家处理蘑菇时，要避免碰到水分，因水洗后香气会流失。清理蘑菇的小窍门很简单，只要使用餐巾纸轻轻擦拭表面黑点即可！

> ☆ **书中运用蘑菇的料理**
>
> · 蘑菇布蕾（P.116）
> · 蘑菇鸡（P.134）

 "虾" 去虾线的方式

　　鲜味十足的虾是许多人的最爱，剁碎成虾泥还能作为料理的内馅，非常百变。不过未经处理的虾背上通常会有一条黑色的肠泥，料理时应将此处剔除。

其实去肠泥并不难，只要用刀子在背部轻划一刀，轻轻拨开便能看到一整条肠泥，再用刀或牙签挑掉就大功告成！

☆ **书中运用虾的料理**

· 鲜虾蛋卷（P.112）

 "鸡腿肉" 断筋的方式

鸡腿肉吃起来柔嫩，是许多人的最爱，只要将鸡腿肉断筋，就可以让肉质更软嫩好咬，且较容易雕塑形状，变化出不同料理！

先用刀去筋。

再用刀断筋。

☆ **书中运用鸡腿肉的料理**

· 瓜肉卷（P.124）
· 黑枣鸡卷 （P.130）

三、轻松自制鲜食零食秘诀3：
万用原味鸡高汤

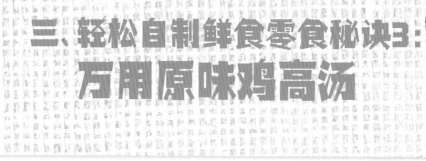

在本书食谱中，我们使用自制的"原味低盐鸡高汤"，它能用于多道料理中。原味低盐鸡高汤除了可以添加在毛小孩的鲜食中，毛小孩爸妈也可以另外盛装一部分，加盐与胡椒粉享用喔！

 ## 鸡高汤零失败轻松做

材料： · 鸡骨架300g　　· 水1000mL

步骤：

1   将鸡骨架放入清水中洗净。

2   入锅略微汆烫去除血水后，将鸡骨架夹起放凉。

3   用手搓洗鸡骨架表面浮沫杂质。

4   将鸡骨架入锅加水用小火煮20分钟。

5   最后用纱布过滤即可完成。

\主厨小叮咛/

自制的鸡高汤不但有营养，而且可以增添料理的美味！想要煮出清澈好喝的鸡高汤，有2个小秘诀：

❶ 煮有骨头的高汤时不可以煮至沸腾，避免高汤混浊。

❷ 熬煮高汤时，随时捞除多余的油及杂质泡沫，可以让高汤更清亮。

第3章

50道鲜食零食食谱：
让狗狗吃得安心健康

毛小孩爸妈请先看：
"本书食谱使用须知"

各位毛小孩爸妈在为家中心爱的毛小孩制作本书鲜食零食前，请先仔细阅读以下使用须知，并根据毛小孩的个体需求，选择适合它食用的料理喔！

 **本书食谱使用须知**

① 我们将本食谱的50道宠物料理定义为"零食"，各品种无法单独满足2006年NRC建议的成年犬每日营养需求，请勿以本书食谱作为每日饮食的主要热量来源。

② 零食所提供的热量请勿超过"动物每日所需热量（每日热量的计算方式请参考本书P.030的公式）的10%"。成长期动物营养需求与成年动物不同，未成年动物（中型犬、小型犬、迷你犬未满一岁；巨型犬、大型犬未满两岁）请不要使用本食谱中的零食。若有任何疑虑请咨询兽医师意见，并遵循兽医师指示。

③ 食谱中的食材除特别标示者外，重量为"未煮熟"的重量，单位为"kg"，请使用料理秤依循食谱指示准备食材。食材若需预先烹调或水煮（例如：南瓜），请勿在预先烹调的过程中额外添加任何调味料。

④ 准备生鲜肉品须注意食品卫生维护，食用生食对动物本身以及周边人员具有危险（请参考P.022），请妥善烹调。另外，准备绞肉时请准确利用所选部位，勿额外添加脂肪。

⑤ 由于患有糖尿病、脂肪代谢异常、肥胖、其他内分泌疾病、胰脏炎、炎症性肠病、其他肠胃疾病、肾脏病、泌尿道结石、心脏病等疾病的动物对每日饮食有特殊要求，因此在使用本书食谱前，请与兽医师讨论。考量到特殊疾病的营养需求与限制，在某些食谱品种前加注"＊兽医师小叮咛"。若家中动物有特殊病史，在使用前请与兽医师讨论，并遵循兽医师指示。

 ## 本书食谱营养分析来源

本书营养分析资料来自美国农业部（USDA）所提供的食品成分资料库（FCD，Food Composition Database，https://ndb.nal.usda.gov/ndb/search/list）以及商家资讯，食材的部分营养分析项目若未刊登于这些资料库，可能在食谱中标示为"0"。

本食谱中使用的低钠盐为"莫顿淡盐"（Morton Lite Salt），它为制作宠物鲜食常用的调味盐，因用量不多，若毛小孩爸妈无法购买到，建议可以直接"不加盐"；鸡蛋以及蛋黄为一般中型鸡蛋（约50g）。食谱中的商品化食材营养分析的白砂糖为"精制细砂糖"。

【 本食谱中的商品化食材营养分析 】

● **味醂**（以100g为单位）

热量(kcal/100g)	233.0	钙(g/1000kcal)	0
蛋白质(g/1000kcal)	0	磷(g/1000kcal)	0
脂肪(g/1000kcal)	0	钠(g/1000kcal)	2.56
碳水化合物(g/1000kcal)	200.3	钾(g/1000kcal)	0
总膳食纤维(g/1000kcal)	0		

● 起司片（以每片20g为单位）

热量(kcal/20g)	60.0	钙(g/1000kcal)	2.82
蛋白质(g/1000kcal)	83.3	磷(g/1000kcal)	0
脂肪(g/1000kcal)	66.7	钠(g/1000kcal)	2.33
碳水化合物(g/1000kcal)	0	钾(g/1000kcal)	0
总膳食纤维(g/1000kcal)	0		

● 海苔（以100g为单位）

热量(kcal/100g)	486.0	钙(g/1000kcal)	0.59
蛋白质(g/1000kcal)	117.5	磷(g/1000kcal)	0
脂肪(g/1000kcal)	0	钠(g/1000kcal)	5
碳水化合物(g/1000kcal)	117.5	钾(g/1000kcal)	0
总膳食纤维(g/1000kcal)	117.5		

● 鲜奶油（以100g为单位）

热量(kcal/100g)	340.0	钙(g/1000kcal)	0.19
蛋白质(g/1000kcal)	8.4	磷(g/1000kcal)	0.17
脂肪(g/1000kcal)	106.2	钠(g/1000kcal)	0.08
碳水化合物(g/1000kcal)	8.5	钾(g/1000kcal)	0.28
总膳食纤维(g/1000kcal)	0		

● 去籽黑枣干（以100g为单位）

热量(kcal/100g)	221.0	钙(g/1000kcal)	0
蛋白质(g/1000kcal)	9.5	磷(g/1000kcal)	0
脂肪(g/1000kcal)	2.3	钠(g/1000kcal)	0.03
碳水化合物(g/1000kcal)	253.8	钾(g/1000kcal)	0
总膳食纤维(g/1000kcal)	36.7		

★本食谱使用Seeberger去籽黑枣干，若无法购得，请务必选择包装标示成分单纯为100%黑枣，无添加糖、油或其他添加剂的黑枣干。

● 精制细砂糖（以100g为单位）

热量(kcal/100g)	400	钙(g/1000kcal)	0
蛋白质(g/1000kcal)	0	磷(g/1000kcal)	0
脂肪(g/1000kcal)	0	钠(g/1000kcal)	0.05
碳水化合物(g/1000kcal)	250	钾(g/1000kcal)	0
总膳食纤维(g/1000kcal)	0		

● 乳酪丝（以每片200g为单位）

热量(kcal/100g)	415.0	钙(g/1000kcal)	3.01
蛋白质(g/1000kcal)	91.2	磷(g/1000kcal)	1.77
脂肪(g/1000kcal)	65.9	钠(g/1000kcal)	4.07
碳水化合物(g/1000kcal)	8.2	钾(g/1000kcal)	0.23
总膳食纤维(g/1000kcal)	0		

● 脱脂奶粉（以100g为单位）

热量(kcal/100g)	533.0	钙(g/1000kcal)	1.88
蛋白质(g/1000kcal)	43.7	磷(g/1000kcal)	0
脂肪(g/1000kcal)	56.3	钠(g/1000kcal)	0.66
碳水化合物(g/1000kcal)	68.8	钾(g/1000kcal)	0
总膳食纤维(g/1000kcal)	0		

● 新鲜木耳（以100g为单位）

热量(kcal/100g)	25.0	钙(g/1000kcal)	0.64
蛋白质(g/1000kcal)	19.2	磷(g/1000kcal)	0.56
脂肪(g/1000kcal)	1.6	钠(g/1000kcal)	0.36
碳水化合物(g/1000kcal)	270.0	钾(g/1000kcal)	1.72
总膳食纤维(g/1000kcal)	0		

1 狗狗造型饼干

20分钟 | 170℃

| 材　料 | · 奇亚籽50g | · 水50g | · 香蕉100g | · 奶油50g |
| | · 中筋面粉150g | | · 胡萝卜泥50g | |

步　　骤

1　将奇亚籽加入水中浸泡。

2　香蕉压成泥，加入熔化的奶油、中筋面粉、奇亚籽及胡萝卜泥，拌匀成团。

3　将面团擀约0.5cm厚，压模型，入烤箱170℃烤20分钟即可完成。

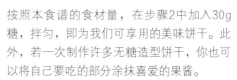

主厨教你
毛小孩吃的东西，我们也可以吃

按照本食谱的食材量，在步骤2中加入30g糖，拌匀，即为我们可享用的美味饼干。此外，若一次制作许多无糖造型饼干，你也可以将自己要吃的部分涂抹喜爱的果酱。

兽医师告诉你
毛小孩吃进的营养热量

营养分析

热量(kcal/450g)	1254.4	钙(g/1000kcal)	0.29
蛋白质(g/1000kcal)	20.5	磷(g/1000kcal)	0.51
脂肪(g/1000kcal)	46.1	钠(g/1000kcal)	0.04
碳水化合物(g/1000kcal)	129.6	钾(g/1000kcal)	0.68
总膳食纤维(g/1000kcal)	14.9		

热量分布（％）

7.8	39.9	52.3

● 蛋白质　● 脂肪　● 碳水化合物

2 芝麻糕

*兽医师小叮咛：1.土豆富含草酸，有草酸钙结石病史的毛小孩应避免食用此料理。

2.因为这道料理的蛋白质、磷与钾含量较高，给有肾脏疾病病史的毛小孩吃前，请咨询兽医师。

*主厨小叮咛：在制作本道料理时必须使用料理棒或食物料理机将肉打成泥，不可使用果汁机。

材　料
- 土豆（去皮）30g
- 鸡胸肉（去皮、去骨）50g
- 猪里脊肉（全瘦）20g
- 黑芝麻粉3g

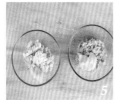

步　　骤

1　将鸡胸肉及猪里脊肉切丁、土豆切片蒸熟备用。

2　分别将蒸熟的鸡胸肉及猪里脊肉用料理棒搅拌成泥。

3~5　将鸡肉泥拌入2/3土豆泥；猪里脊肉泥拌入1/3土豆泥。

6　取模型，分别堆叠填入鸡肉土豆泥与猪里脊肉土豆泥。

7　最后撒上黑芝麻粉即可完成。

主厨教你
毛小孩吃的东西，
我们也可以吃

按照本食谱的食材量，
在步骤3中加入1g盐，
拌匀，即为我们可享用
的美味咸点。

兽医师告诉你
毛小孩吃进的营养热量

营养分析

热量(kcal/103g)	152.5	钙(g/1000kcal)	0.12
蛋白质(g/1000kcal)	139.2	磷(g/1000kcal)	1.26
脂肪(g/1000kcal)	26.6	钠(g/1000kcal)	0.33
碳水化合物(g/1000kcal)	44.6	钾(g/1000kcal)	2.08
总膳食纤维(g/1000kcal)	3.5		

热量分布（%）

58.5	23.5	18.0

● 蛋白质　　● 脂肪　　● 碳水化合物

3 慕斯蛋糕

*兽医师小叮咛：因为这道料理的蛋白质、磷与钾含量较高，给有肾脏疾病病史的毛小孩吃前，请咨询兽医师。

*主厨小叮咛：在制作本道料理时必须使用料理棒或食物料理机将肉打成泥，不可使用果汁机。

| 材　料 | · 猪里脊肉（全瘦）30g | · 鲷鱼（去皮）50g |
| | · 鸡蛋1个 | · 巴西里10g |

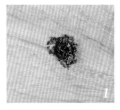   

主厨教你
毛小孩吃的东西，
我们也可以吃

按照本食谱的食材量，
在步骤2和3中各加入
0.5g盐，拌匀，即为我
们可享用的美味咸点。

步　骤

1　巴西里切碎备用。

2~3　分别将猪里脊肉及鲷鱼用料理棒搅成泥备用。

4~6　将猪里脊肉泥加入蛋黄，搅拌均匀；将鲷鱼泥加入巴西里碎，拌匀备用。

7~8　取模型填入猪里脊肉泥，再填上鲷鱼泥，入蒸锅蒸10分钟即可完成。

兽医师告诉你
毛小孩吃进的营养热量

营养分析

热量(kcal/140g)	171.6	钙(g/1000kcal)	0.29
蛋白质(g/1000kcal)	134.4	磷(g/1000kcal)	1.39
脂肪(g/1000kcal)	46.2	钠(g/1000kcal)	0.64
碳水化合物(g/1000kcal)	6.9	钾(g/1000kcal)	2.25
总膳食纤维(g/1000kcal)	1.9		

热量分布（%）

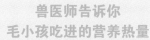

55.8　41.7　2.5

● 蛋白质　● 脂肪　● 碳水化合物

4 牛肉浓汤

* **兽医师小叮咛**：1.因为这道料理的脂肪含量较高，若家中毛小孩有胰脏炎或脂肪代谢异常，应避免食用。

2.因为这道料理的蛋白质、磷与钾含量较高，给有肾脏疾病病史的毛小孩吃前，请先咨询兽医师。

* **主厨小叮咛**：在制作本道料理时必须使用料理棒或食物料理机将肉打成泥，不可使用果汁机。

材　料	· 牛后腿肉（全瘦）50g	· 红甜椒丁15g	· 黄甜椒丁15g
	· 无盐奶油5g	· 鸡蛋1个	· 原味鸡高汤(低盐)100g

步　骤

1　牛后腿肉用料理棒打成泥。

2　将牛肉泥加入原味鸡高汤中拌匀。

3~4　先加入彩椒丁及蛋液，煮滚后再加入无盐奶油即可完成。

主厨教你
毛小孩吃的东西，
我们也可以吃

按照本食谱的食材量，在步骤3中加入1g盐及研磨胡椒粉，拌匀，即为我们可享用的美味汤品。

兽医师告诉你
毛小孩吃进的营养热量

营养分析

热量(kcal/235g)	196.1	钙(g/1000kcal)	0.24
蛋白质(g/1000kcal)	99.2	磷(g/1000kcal)	1.14
脂肪(g/1000kcal)	58.5	钠(g/1000kcal)	1.66
碳水化合物(g/1000kcal)	14.3	钾(g/1000kcal)	2.01
总膳食纤维(g/1000kcal)	2.3		

热量分布（%）

42.3	52.3	5.4

● 蛋白质　　● 脂肪　　● 碳水化合物

5 萝卜肉卷

＊**兽医师小叮咛**：1.因为这道料理的蛋白质、磷与钾含量较高，给有肾脏疾病病史的毛小孩吃前，请咨询兽医师。

2.因为这道料理的钠含量较高，若家中毛小孩有心血管疾病病史，请先咨询兽医师。

＊**主厨小叮咛**：在制作本道料理时必须使用料理棒或食物料理机将肉打成泥，不可使用果汁机。

| 材　料 | ・白萝卜30g | ・胡萝卜30g | ・猪里脊肉（全瘦）100g |

主厨教你
毛小孩吃的东西，
我们也可以吃

按照本食谱的食材量，在步骤1中加入1g盐、少许胡椒粉、5g香油及5g米酒，拌匀，即为我们也可享用的美味料理。

步　骤

1 猪里脊肉用料理棒打成泥备用。

2~3 白萝卜刨成薄片；胡萝卜切成长约10cm的细长条状备用。

4~7 将肉泥揉搓成圆柱状，先用白萝卜包卷，再用胡萝卜丝绑起备用。

8 入蒸锅蒸煮至熟即可完成。

兽医师告诉你
毛小孩吃进的营养热量

营养分析

热量(kcal/160g)	182.2	钙(g/1000kcal)	0.15
蛋白质(g/1000kcal)	166.2	磷(g/1000kcal)	1.95
脂肪(g/1000kcal)	23.9	钠(g/1000kcal)	1.51
碳水化合物(g/1000kcal)	20.3	钾(g/1000kcal)	3.88
总膳食纤维(g/1000kcal)	7.6		

热量分布（%）

70.6	21.6	7.8

● 蛋白质　● 脂肪　● 碳水化合物

 **6 缤纷蛋挞**

10分钟 | 180℃

＊兽医师小叮咛： 1.因为这道料理的脂肪含量较高，若家中毛小孩有胰脏炎或脂肪代谢
异常，应避免食用。

2.因为这道料理的磷与钾含量较高，给有肾脏疾病病史的毛小孩吃
前，请先咨询兽医师。

材　　料	· 牛后腿肉（全瘦）50g	· 红甜椒10g	· 黄甜椒10g
	· 无盐奶油5g	· 巴西里3g	· 鸡蛋1个	· 起司粉3g

 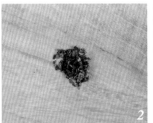 

步　骤

1~2　牛后腿肉及彩椒切成小丁；巴西里切碎备用。

3　起锅入无盐奶油，将彩椒丁及牛肉丁炒熟备用。

4~5　将所有熟料加入蛋液及巴西里碎拌匀。

6　填入蛋挞模型，撒上起司粉，入烤箱180℃烤约10分钟即可完成。

主厨教你
毛小孩吃的东西，
我们也可以吃

按照本食谱的食材量，在步骤3中加入1g盐及研磨胡椒粉，拌匀，即为我们也可享用的美味料理。

兽医师告诉你
毛小孩吃进的营养热量

营养分析

热量(kcal/131g)	201.3	钙(g/1000kcal)	0.34
蛋白质(g/1000kcal)	93.1	磷(g/1000kcal)	1.11
脂肪(g/1000kcal)	60.8	钠(g/1000kcal)	1.05
碳水化合物(g/1000kcal)	15.9	钾(g/1000kcal)	1.60
总膳食纤维(g/1000kcal)	2.4		

热量分布（%）

39.7	54.2	6.1

● 蛋白质　● 脂肪　● 碳水化合物

 # 7 闪电泡芙

5分钟 | 150℃

＊兽医师小叮咛：1. 地瓜富含草酸，有草酸钙结石病史的毛小孩应避免食用此料理。

2. 因为这道料理的脂肪含量较高，若家中毛小孩有胰脏炎或脂肪代谢异常，应避免食用。

3. 因为这道料理的钾含量较高，给有肾脏疾病病史的毛小孩吃前，请先咨询兽医师。

材　料	· 地瓜（去皮）30g · 鲷鱼（去皮）75g · 鸡蛋1个
	· 无盐奶油15g

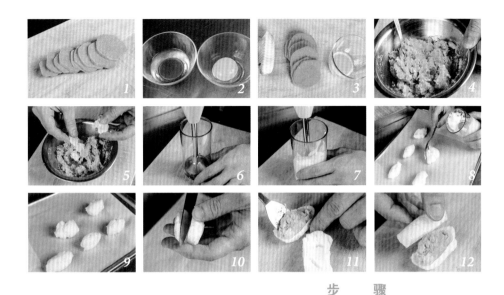

步　　骤

主厨教你
毛小孩吃的东西，
我们也可以吃

按照本食谱的食材量，在步骤3中加入1g盐及研磨胡椒粉，拌匀，即为我们可享用的美味咸点。

1　　地瓜切片；蛋白及蛋黄分开。

2　　将地瓜、鲷鱼及蛋黄蒸熟备用。

3~5　将熟地瓜、熟鱼肉及无盐奶油拌匀，加入剥碎的蛋黄拌匀成内馅备用。

6~9　将蛋白打发，在烤盘里铺上烤焙纸，放上打发的蛋白，用150℃烤约5分钟至上色取出。

10~12　将泡芙用刀切开，填入内馅即可完成。

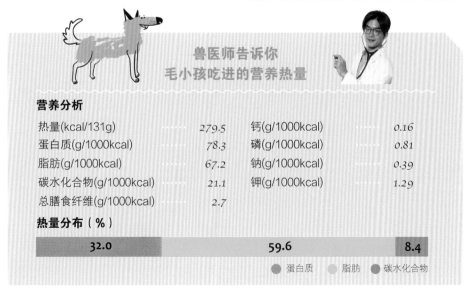

兽医师告诉你
毛小孩吃进的营养热量

营养分析

热量(kcal/131g)	279.5	钙(g/1000kcal)	0.16
蛋白质(g/1000kcal)	78.3	磷(g/1000kcal)	0.81
脂肪(g/1000kcal)	67.2	钠(g/1000kcal)	0.39
碳水化合物(g/1000kcal)	21.1	钾(g/1000kcal)	1.29
总膳食纤维(g/1000kcal)	2.7		

热量分布（%）

32.0	59.6	8.4

● 蛋白质　　● 脂肪　　● 碳水化合物

8 万圣节南瓜小点

*兽医师小叮咛：1. 因为这道料理脂肪的含量较高，若家中毛小孩有胰脏炎或脂肪代谢异常，应避免食用。

2. 因为这道料理的钾含量较高，给有肾脏疾病病史的毛小孩吃前，请先咨询兽医师。

*主厨小叮咛：在制作本道料理时必须使用料理棒或食物料理机将鲷鱼打成鱼泥，不可使用果汁机。

材料	· 鲷鱼（去皮）100g · 地瓜（去皮）50g · 龙须菜梗5g
	· 无盐奶油15g

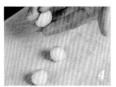

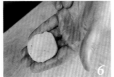

步　骤

1~2　将地瓜切片；龙须菜梗烫熟备用。

3~4　鲷鱼用料理棒打成鱼泥，再搓揉成球状备用。

5　将鱼球及地瓜片蒸熟，地瓜加入无盐奶油拌匀成泥状。

6~8　取部分地瓜泥压扁，包入鱼球。

9　用汤匙压纹路呈南瓜造型。

10　最后放上龙须菜梗装饰成蒂头即可完成。

主厨教你毛小孩吃的东西，我们也可以吃

按照本食谱的食材量，在步骤2中加入1g盐及研磨胡椒粉，拌匀，即为我们也可享用的美味咸点。

兽医师告诉你毛小孩吃进的营养热量

营养分析

热量(kcal/170g)	242.5	钙(g/1000kcal)	0.12
蛋白质(g/1000kcal)	86.7	磷(g/1000kcal)	0.79
脂肪(g/1000kcal)	57.5	钠(g/1000kcal)	0.28
碳水化合物(g/1000kcal)	37.4	钾(g/1000kcal)	1.78
总膳食纤维(g/1000kcal)	5.8		

热量分布（%）

34.3	50.7	15.0

● 蛋白质　● 脂肪　● 碳水化合物

9 雨石汤圆

＊兽医师小叮咛： 1. 因为这道料理的钾含量较高，给有肾脏疾病病史的毛小孩吃前，请先咨询兽医师。

2. 地瓜和土豆富含草酸，有草酸钙结石病史的毛小孩应避免食用此料理。

| 材　料 | ・鲷鱼50g | ・紫地瓜（去皮）50g | ・土豆（去皮）50g |

主厨教你
毛小孩吃的东西，
我们也可以吃

按照本食谱的食材量，在步骤2中加入1g盐，拌匀，即为我们可享用的美味咸点。

步　　骤

1 将去皮紫地瓜及土豆切片，鲷鱼切小块，3种食材入锅蒸熟备用。

2 将蒸熟的紫地瓜泥及土豆泥分别以不同比例（依想要混合颜色的比例）拌匀，压扁成片备用。

3 包入熟鲷鱼块，再搓揉成汤圆状即可完成。

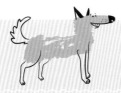

兽医师告诉你
毛小孩吃进的营养热量

营养分析

热量(kcal/150g)	129.1	钙(g/1000kcal)	0.17
蛋白质(g/1000kcal)	89.7	磷(g/1000kcal)	0.94
脂肪(g/1000kcal)	7.5	钠(g/1000kcal)	0.33
碳水化合物(g/1000kcal)	146.1	钾(g/1000kcal)	3.33
总膳食纤维(g/1000kcal)	16.6		

热量分布（%）

34.4	6.7	58.9

● 蛋白质　● 脂肪　● 碳水化合物

10 缤纷彩球

*兽医师小叮咛：因为这道料理的蛋白质、磷与钾含量较高，给有肾脏疾病病史的毛小孩吃
前，请咨询兽医师。

*主厨小叮咛：在制作本道料理时必须使用料理棒或食物料理机将鱼打成泥，不可使用果汁机。

材　　料	· 鲷鱼（去皮）100g	· 胡萝卜10g	· 鸡蛋1个
	· 新鲜木耳10g	· 西蓝花10g	

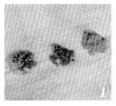

步　骤

1　西蓝花、新鲜木耳及胡萝卜分别切碎备用。

2　将蛋白与蛋黄分开；蛋黄蒸熟捣碎备用。

3　新鲜木耳碎、胡萝卜碎、蛋黄碎及西蓝花碎拌匀。

4~5　将鲷鱼及蛋白用料理棒打成泥后，搓揉成球。

6~7　将鱼球表面蘸蔬菜碎，入蒸锅蒸5分钟即可完成。

**主厨教你
毛小孩吃的东西，
我们也可以吃**

按照本食谱的食材量，在步骤4中加入1g盐、少许胡椒粉、5g香油及5g米酒，拌匀，即为我们也可享用的美味咸点。

**兽医师告诉你
毛小孩吃进的营养热量**

营养分析

热量(kcal/180g)	182.5	钙(g/1000kcal)	0.23
蛋白质(g/1000kcal)	146.3	磷(g/1000kcal)	1.48
脂肪(g/1000kcal)	38.9	钠(g/1000kcal)	0.66
碳水化合物(g/1000kcal)	15.3	钾(g/1000kcal)	2.32
总膳食纤维(g/1000kcal)	3.4		

热量分布（%）

58.7	35.1	6.2

● 蛋白质　　● 脂肪　　● 碳水化合物

11 南瓜肉卷

*兽医师小叮咛：因为这道料理的蛋白质、磷与钾含量较高，给有肾脏疾病病史的毛小孩吃前，请咨询兽医师。

材　料
- 南瓜40g
- 胡萝卜10g
- 鸡胸肉（去皮、去骨）100g
- 鸡蛋1个

 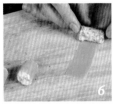 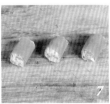

步　骤

1~3　南瓜用刨刀削成薄片略微氽烫；胡萝卜切碎备用。

4~5　将鸡蛋、鸡胸肉及胡萝卜碎蒸熟后，用汤匙压碎拌匀成内馅备用。

6~7　将南瓜薄片填入内馅卷起来，入蒸锅蒸约3分钟即可完成。

**主厨教你
毛小孩吃的东西，
我们也可以吃**

按照本食谱的食材量，在步骤2中加入1g盐、少许胡椒粉、5g香油及5g米酒，拌匀，即为我们也可享用的美味咸点。

**兽医师告诉你
毛小孩吃进的营养热量**

营养分析

热量(kcal/200g)	253.5	钙(g/1000kcal)	0.19
蛋白质(g/1000kcal)	148.6	磷(g/1000kcal)	1.29
脂肪(g/1000kcal)	35.2	钠(g/1000kcal)	0.56
碳水化合物(g/1000kcal)	13.2	钾(g/1000kcal)	1.71
总膳食纤维(g/1000kcal)	2.9		

热量分布（%）

63.4	31.7	4.9

● 蛋白质　　● 脂肪　　● 碳水化合物

12 甜心肉饼

5分钟 | 180℃

＊**兽医师小叮咛**：因为这道料理的蛋白质、磷与钾含量较高，给有肾脏疾病病史的毛小孩吃前，请咨询兽医师。

＊**主厨小叮咛**：在制作本道料理时必须使用料理棒或食物料理机将鲷鱼打成泥，不可使用果汁机。

材　料　　・鲷鱼（去皮）100g　・南瓜30g

主厨教你

毛小孩吃的东西，我们也可以吃

按照本食谱的食材量，在步骤1中加入1g盐、少许胡椒粉、5g香油及5g米酒，拌匀，即为我们也可享用的美味咸点。

步　　骤

1　鲷鱼用料理棒搅打成泥备用。

2　南瓜切片蒸熟，用汤匙压成泥。

3~5　手沾水，将鲷鱼泥擀平后用模型压圆形，用大拇指压出凹状再填入南瓜泥。最后放入烤箱180℃烤约5分钟即可完成。

兽医师告诉你
毛小孩吃进的营养热量

营养分析

热量(kcal/130g)	101.6	钙(g/1000kcal)	0.14
蛋白质(g/1000kcal)	199.8	磷(g/1000kcal)	1.76
脂肪(g/1000kcal)	16.9	钠(g/1000kcal)	0.52
碳水化合物(g/1000kcal)	14.5	钾(g/1000kcal)	3.65
总膳食纤维(g/1000kcal)	2.7		

热量分布（%）

79.6	15.2	5.2

● 蛋白质　　● 脂肪　　● 碳水化合物

13 香烤薯球

3分钟 | 200℃

＊兽医师小叮咛：1.地瓜富含草酸，有草酸钙结石病史的毛小孩应避免食用此料理。

2.因为这道料理的磷与钾含量较高，给有肾脏疾病病史的毛小孩吃前，请咨询兽医师。

材　料
- 地瓜（去皮）50g
- 鸡蛋1个
- 牛后腿肉（全瘦）100g
- 面包粉30g

步　　骤

1 　将地瓜及牛后腿肉切片蒸熟备用。

2 　将地瓜用汤匙压成泥，牛后腿肉用刀切碎，两者拌匀后搓成小球。

3~4　将肉球沾裹蛋液及面包粉，放入烤箱200℃约烤3分钟上色即可完成。

**主厨教你
毛小孩吃的东西，
我们也可以吃**

按照本食谱的食材量，在步骤2中加入1g盐及少许研磨胡椒粉，拌匀，即为我们可享用的美味咸点。

**兽医师告诉你
毛小孩吃进的营养热量**

营养分析

热量(kcal/230g)	368.8	钙(g/1000kcal)	0.31
蛋白质(g/1000kcal)	91.9	磷(g/1000kcal)	1.01
脂肪(g/1000kcal)	29.9	钠(g/1000kcal)	0.97
碳水化合物(g/1000kcal)	84.1	钾(g/1000kcal)	1.62
总膳食纤维(g/1000kcal)	7.1		

热量分布（%）

38.8	26.9	34.3

● 蛋白质　　● 脂肪　　● 碳水化合物

14 南瓜豆浆冻

*兽医师小叮咛：因为这道料理的蛋白质与钾含量较高，给有肾脏疾病病史的毛小孩吃前，请咨询兽医师。

| 材　料 | · 南瓜30g | · 无糖豆浆100 mL | · 洋菜粉2g |

主厨教你
毛小孩吃的东西，我们也可以吃

按照本食谱的食材量，在步骤2中加入15g糖，拌匀，即为我们也可享用的美味甜点。

步　骤

1~2　南瓜切片蒸熟后，用汤匙压成泥。

3~4　无糖豆浆中加入洋菜粉及南瓜泥，用小火加热拌匀。

5　将全部食材填入模型放入冰箱冻至定型即可完成。

兽医师告诉你
毛小孩吃进的营养热量

营养分析

热量(kcal/132g)	45.6	钙(g/1000kcal)	2.82
蛋白质(g/1000kcal)	105.4	磷(g/1000kcal)	0.21
脂肪(g/1000kcal)	36.7	钠(g/1000kcal)	0.86
碳水化合物(g/1000kcal)	68.4	钾(g/1000kcal)	4.22
总膳食纤维(g/1000kcal)	16.0		

热量分布（%）

41.0	33.0	26.0

● 蛋白质　● 脂肪　● 碳水化合物

15 开心农场

＊兽医师小叮咛：1.因为这道料理的脂肪含量较高，若家中毛小孩有胰脏炎或脂肪代谢
异常，应避免食用。

2.因为这道料理的磷与钾含量较高，给有肾脏疾病病史的毛小孩吃
前，请先咨询兽医师。

材　料	· 鸡蛋1个	· 胡萝卜10g	· 西蓝花10g
	· 鸿喜菇10g	· 全脂鲜奶50g	· 水30g

步　　骤

1~3　鸡蛋加入全脂鲜奶及水拌匀，取容器倒入蛋汁，蒸4分钟取出备用。

4~5　胡萝卜切成V字形，西蓝花切小朵与鸿喜菇蒸熟备用。

6　将熟蒸的蛋放上蔬菜，点缀成农场造型即可完成。

主厨教你
毛小孩吃的东西，我们也可以吃

按照本食谱的食材量，在步骤1中加入1g盐、5g米酒，拌匀，即为我们也可享用的美味佳肴。

兽医师告诉你
毛小孩吃进的营养热量

营养分析

热量(kcal/160g)	120.2	钙(g/1000kcal)	0.75
蛋白质(g/1000kcal)	69.3	磷(g/1000kcal)	1.17
脂肪(g/1000kcal)	58.3	钠(g/1000kcal)	0.79
碳水化合物(g/1000kcal)	49.4	钾(g/1000kcal)	1.61
总膳食纤维(g/1000kcal)	6.9		

热量分布（%）

29.4	52.2	18.4

● 蛋白质　　● 脂肪　　● 碳水化合物

16 鸡蛋肉卷

*兽医师小叮咛：因为这道料理的脂肪含量较高，若家中毛小孩有胰脏炎或脂肪代谢异常，则应避免食用。

材 料
· 鸡蛋1个
· 猪后腿绞肉（肥瘦比约3：7）80g
· 胡萝卜30g
· 淀粉5g
· 水5g

 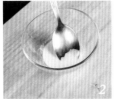  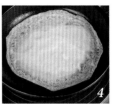

步　骤

1　胡萝卜切碎，加入猪后腿绞肉拌均匀备用。

2　将淀粉加入水调匀备用。

3　鸡蛋加入淀粉水拌匀过筛备用。

4~6　用不粘锅将蛋液煎成蛋皮取出，包入肉泥卷起。

7　入蒸锅蒸约10分钟切块即可完成。

主厨教你
毛小孩吃的东西，我们也可以吃

按照本食谱的食材量，在步骤1中加入1g盐、少许胡椒粉、5g香油及5g米酒，拌匀，即为我们也可享用的美味小吃。

兽医师告诉你
毛小孩吃进的营养热量

营养分析

热量(kcal/170g)	358.2	钙(g/1000kcal)	0.13
蛋白质(g/1000kcal)	51.4	磷(g/1000kcal)	0.56
脂肪(g/1000kcal)	77.5	钠(g/1000kcal)	0.38
碳水化合物(g/1000kcal)	22.7	钾(g/1000kcal)	0.77
总膳食纤维(g/1000kcal)	2.5		

热量分布（％）

21.1	69.8	9.1

● 蛋白质　● 脂肪　● 碳水化合物

17 萝卜饺

＊兽医师小叮咛：因为这道料理的蛋白质、磷与钾含量较高，给有肾脏疾病病史的毛小孩吃前，请咨询兽医师。

材　　料　·白萝卜50g　·牛后腿绞肉（全瘦）100g　·胡萝卜30g

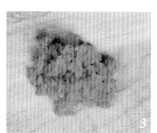

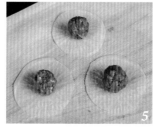

步　骤

1~2 白萝卜切成0.2cm的圆薄片，氽烫5秒钟即捞起备用。

3~4 将胡萝卜用刀切碎，加入牛后腿绞肉拌匀成内馅备用。

5~6 将白萝卜片包入内馅对折成饺子状，蒸5分钟即可完成。

主厨教你
毛小孩吃的东西，
我们也可以吃

按照本食谱的食材量，步骤2中加入1g盐及5g香油，拌匀，即为我们可享用的美味咸点。

兽医师告诉你
毛小孩吃进的营养热量

营养分析

热量(kcal/180g)	154.4	钙(g/1000kcal)	0.28
蛋白质(g/1000kcal)	151.8	磷(g/1000kcal)	1.57
脂肪(g/1000kcal)	27.2	钠(g/1000kcal)	0.58
碳水化合物(g/1000kcal)	29.2	钾(g/1000kcal)	3.54
总膳食纤维(g/1000kcal)	11.0		

热量分布（%）

64.3	24.5	11.2

● 蛋白质　● 脂肪　● 碳水化合物

18 暖阳蛋包饭

*兽医师小叮咛**：因为这道料理的脂肪含量较高，若家中毛小孩有胰脏炎或脂肪代谢异常，应避免食用。

材　料	· 猪里脊绞肉（全瘦）50g	· 番茄50g
	· 白饭30g（水煮、无盐、无油）	· 橄榄油30g · 鸡蛋1个

步　骤

1　猪里脊绞肉及番茄切小丁备用。

2　起锅入15g橄榄油炒香番茄丁及猪里脊绞肉，再拌入白饭拌炒均匀备用。

3　起不粘锅抹上橄榄油加入蛋液煎至半熟。

4　加入步骤2的馅料包覆并点缀番茄碎即可完成。

主厨教你
毛小孩吃的东西，
我们也可以吃

按照本食谱的食材量，在步骤2中加入1g盐，拌匀，即为我们可享用的美味咸点。

兽医师告诉你
毛小孩吃进的营养热量

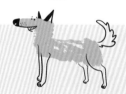

营养分析

热量(kcal/210g)	461.6	钙(g/1000kcal)	0.09
蛋白质(g/1000kcal)	39.5	磷(g/1000kcal)	0.47
脂肪(g/1000kcal)	83.0	钠(g/1000kcal)	0.19
碳水化合物(g/1000kcal)	23.7	钾(g/1000kcal)	0.84
总膳食纤维(g/1000kcal)	1.6		

热量分布（%）

16.8	73.7	9.5

● 蛋白质　● 脂肪　● 碳水化合物

19 鲜绿菜球

*兽医师小叮咛：1.因为地瓜富含草酸，有草酸钙结石病史的毛小孩请避免食用。

2.因为此料理的蛋白质、磷与钾含量较高，给有肾脏疾病病史的毛小孩吃前，请咨询兽医师。

材　　料 · 鸡胸肉（去皮、去骨）80g · 卷心菜80g · 地瓜（去皮）50g

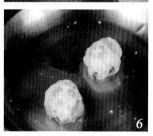

步　骤

1　将地瓜切小丁蒸熟备用。

2~3　鸡胸肉切小丁，加入地瓜丁拌匀成内馅备用。

4　起水锅将卷心菜叶汆烫捞起备用。

5~6　将卷心菜叶包入内馅入蒸锅蒸约6分钟即可完成。

**主厨教你
毛小孩吃的东西，
我们也可以吃**

按照本食谱的食材量，在步骤2中加入1g盐及5g香油，拌匀，即为我们可享用的美味咸点。

**兽医师告诉你
毛小孩吃进的营养热量**

营养分析

热量(kcal/180g)	139.1	钙(g/1000kcal)	0.43
蛋白质(g/1000kcal)	123.7	磷(g/1000kcal)	1.12
脂肪(g/1000kcal)	13.7	钠(g/1000kcal)	0.41
碳水化合物(g/1000kcal)	95.4	钾(g/1000kcal)	2.87
总膳食纤维(g/1000kcal)	19.9		

热量分布（%）

50.7	12.3	37.0

● 蛋白质　　● 脂肪　　● 碳水化合物

20 苤蓝饺

＊兽医师小叮咛：因为这道料理的蛋白质、磷与钾含量较高，给有肾脏疾病病史的毛小孩吃前，请咨询兽医师。

材　料	·苤蓝50g	·牛后腿绞肉（全瘦）100g	·彩椒30g

主厨教你
毛小孩吃的东西，
我们也可以吃

步骤		
	1~2	苤蓝切0.2cm厚，用圆压模压出圆薄片，汆烫5秒钟捞起备用。
	3~4	将彩椒及少许苤蓝切碎，加入牛后腿绞肉拌匀成内馅备用。
	5	将苤蓝圆薄片填入肉馅，再盖上一片苤蓝圆薄片成苤蓝饺，入锅蒸5分钟即可完成。

按照本食谱的食材量，在步骤2中牛后腿绞肉加入1g盐、少许胡椒粉、5g香油及5g米酒，拌匀，即为我们也可享用的迷你小吃。

兽医师告诉你
毛小孩吃进的营养热量

营养分析

热量(kcal/180g)	154.4	钙(g/1000kcal)	0.25
蛋白质(g/1000kcal)	156.6	磷(g/1000kcal)	1.57
脂肪(g/1000kcal)	27.2	钠(g/1000kcal)	0.45
碳水化合物(g/1000kcal)	28.4	钾(g/1000kcal)	3.33
总膳食纤维(g/1000kcal)	9.4		

热量分布（%）

64.6	24.5	10.9

● 蛋白质　● 脂肪　● 碳水化合物

21 元气汉堡肉

*兽医师小叮咛：因为这道料理的蛋白质、磷与钾含量较高，给有肾脏疾病病史的毛小孩吃前，请咨询兽医师。

材　料
- 鸡蛋1个
- 全脂鲜奶60mL
- 牛绞肉（全瘦）150g

主厨教你
毛小孩吃的东西，
我们也可以吃

按照本食谱的食材量，在步骤2中加入1g盐及少许研磨胡椒粉，拌匀，即为我们也可享用的美味汉堡排。

步　骤

1　将全脂鲜奶、蛋汁、牛绞肉搅拌均匀。

2　将肉泥搓揉成饼备用。

3~4　起锅煎至两面上色，再入水蒸煮至熟即可完成。

兽医师告诉你
毛小孩吃进的营养热量

营养分析

热量(kcal/260g)	315.8	钙(g/1000kcal)	0.39
蛋白质(g/1000kcal)	134.7	磷(g/1000kcal)	1.49
脂肪(g/1000kcal)	42.4	钠(g/1000kcal)	0.57
碳水化合物(g/1000kcal)	10.9	钾(g/1000kcal)	2.17
总膳食纤维(g/1000kcal)	0		

热量分布（％）

57.7	38.1	4.2

● 蛋白质　　● 脂肪　　● 碳水化合物

22 嫩煎香料鸡

材　料	· 鸡胸肉（去皮、去骨）150g	· 百里香1支（约5g）
	· 橄榄油30g	· 低钠盐1g

步　　骤

1　将鸡胸肉用百里香、橄榄油及低钠盐略抓腌。

2~3　起锅，将鸡肉片煎至焦香熟透后，切片即可完成。

主厨教你
毛小孩吃的东西，我们也可以吃

按照本食谱的食材量，在步骤1中加入少许研磨胡椒粉，拌匀，即为我们也可享用的美味好料。

兽医师告诉你
毛小孩吃进的营养热量

营养分析

热量(kcal/1186g)	517.2	钙(g/1000kcal)	0.08
蛋白质(g/1000kcal)	90.5	磷(g/1000kcal)	0.67
脂肪(g/1000kcal)	68.5	钠(g/1000kcal)	0.59
碳水化合物(g/1000kcal)	2.4	钾(g/1000kcal)	1.29
总膳食纤维(g/1000kcal)	1.3		

热量分布（%）

38.5	60.7	0.8

● 蛋白质　● 脂肪　● 碳水化合物

23 珍珠丸子

＊兽医师小叮咛：因为这道料理的蛋白质、磷与钾含量较高，给有肾脏疾病病史的毛
小孩吃前，请咨询兽医师。

材　料	· 猪绞肉（全瘦）120g	· 南瓜30g	· 荸荠50g
	· 鸡蛋1个	· 低钠盐1g	

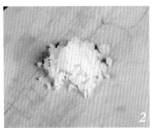
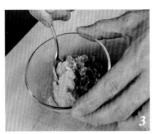

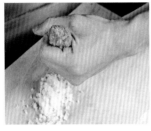

步　骤

1~2　将南瓜蒸熟压成泥；荸荠切碎备用。

3~4　将猪绞肉、南瓜泥、蛋液及低钠盐拌匀，
　　　再挤成小球备用。

5~6　取肉球粘荸荠碎，入锅蒸熟完成。

主厨教你
毛小孩吃的东西，
我们也可以吃

按照本食谱的食材量，
在步骤2中加入少许白
胡椒粉、5g香油及5g米
酒，拌匀，即为我们也
可享用的美味好料。

兽医师告诉你
毛小孩吃进的营养热量

营养分析

热量(kcal/216g)	219.4	钙(g/1000kcal)	0.18
蛋白质(g/1000kcal)	128.5	磷(g/1000kcal)	1.35
脂肪(g/1000kcal)	38.5	钠(g/1000kcal)	1.28
碳水化合物(g/1000kcal)	27.6	钾(g/1000kcal)	4.02
总膳食纤维(g/1000kcal)	8.3		

热量分布（％）

54.5	34.7	10.8

● 蛋白质　● 脂肪　● 碳水化合物

105

♖24元宵

＊**兽医师小叮咛**：1.因为这道料理的脂肪含量较高，若家中毛小孩有胰脏炎或脂肪代谢
异常，应避免食用。

2.因为这道料理的蛋白质与钾含量较高，给有肾脏疾病病史的毛小
孩吃前，请咨询兽医师。

材　料	· 鸡胸肉泥（去皮、去骨）120g · 猪里脊肉（全瘦）40g
	· 无盐奶油30g · 原味鸡高汤（低盐）100mL · 低钠盐1g

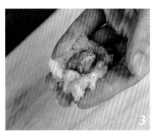

步　　骤

1　将鸡胸肉泥、无盐奶油及低钠盐拌匀备用。

2　猪里脊肉切丁备用。

3~4　将鸡胸肉泥包裹猪里脊肉丁搓圆。

5　起锅，加入原味鸡高汤及元宵肉球，用小火
　　煮至熟透即可完成。

**主厨教你
毛小孩吃的东西，
我们也可以吃**

按照本食谱的食材量，
在步骤1中加入少许白
胡椒粉、5g香油及5g米
酒，拌匀，即为我们也
可享用的美味料理。

**兽医师告诉你
毛小孩吃进的营养热量**

营养分析

热量(kcal/291g)	476.6	钙(g/1000kcal)	0.09
蛋白质(g/1000kcal)	99.5	磷(g/1000kcal)	0.80
脂肪(g/1000kcal)	64.8	钠(g/1000kcal)	1.14
碳水化合物(g/1000kcal)	0.84	钾(g/1000kcal)	1.69
总膳食纤维(g/1000kcal)	0		

热量分布（%）

42.4	57.3	0.3

● 蛋白质　● 脂肪　● 碳水化合物

25 暖浓汤

＊兽医师小叮咛： 1.因为这道料理的蛋白质、磷与钾含量较高，给有肾脏疾病病史的毛
小孩吃前，请咨询兽医师。

2.因为这道料理的钠含量较高，若家中毛小孩有心血管疾病病史，
请先咨询兽医师。

材　　料	· 猪里脊绞肉（全瘦）100g	· 鸡蛋1个
	· 原味鸡高汤（低盐）200mL	· 低钠盐1g

步 骤

1~2 将猪里脊绞肉泥加入低钠盐及原味鸡高汤拌匀。

3 起锅，加入步骤1的猪里脊肉泥汁。

4 加入蛋液煮熟即可完成。

主厨教你
毛小孩吃的东西，我们也可以吃

按照本食谱的食材量，在步骤1中加入少许白胡椒粉，完成起锅加入5g香油，即为我们也可享用的美味汤品。

兽医师告诉你
毛小孩吃进的营养热量

营养分析

热量(kcal/351g)	233.8	钙(g/1000kcal)	0.25
蛋白质(g/1000kcal)	130.2	磷(g/1000kcal)	1.42
脂肪(g/1000kcal)	46.9	钠(g/1000kcal)	3.31
碳水化合物(g/1000kcal)	5.6	钾(g/1000kcal)	3.74
总膳食纤维(g/1000kcal)	0		

热量分布（%）

55.5	42.3	2.2

● 蛋白质　　● 脂肪　　● 碳水化合物

26 玉米豆腐砖

＊兽医师小叮咛：因为这道料理的蛋白质、磷与钾含量较高，给有肾脏疾病病史的毛小孩吃前，请咨询兽医师。

材料
- 鸡胸肉（去皮、去骨）150g
- 玉米粒（罐头中的水分需沥干）30g
- 鸡蛋1个
- 低钠盐1g

步　骤

1　　蛋白与蛋黄分开；蛋黄蒸熟备用。

2　　鸡胸肉略剁成泥加入玉米粒、蛋白及低钠盐
　　　拌匀备用。

3~5　取模型铺上烤焙纸，依序放上肉泥、蛋黄，
　　　入锅蒸熟后切片即可完成。

**主厨教你
毛小孩吃的东西，
我们也可以吃**

按照本食谱的食材
量，在步骤2中加入少
许白胡椒粉、5g香油
及5g米酒，拌匀，即
为我们也可享用的美
味好料。

**兽医师告诉你
毛小孩吃进的营养热量**

营养分析

热量(kcal/231g)	347.9	钙(g/1000kcal)	0.14
蛋白质(g/1000kcal)	153.9	磷(g/1000kcal)	1.27
脂肪(g/1000kcal)	31.6	钠(g/1000kcal)	1.22
碳水化合物(g/1000kcal)	16.9	钾(g/1000kcal)	2.13
总膳食纤维(g/1000kcal)	1.6		

热量分布（%）

65.5	28.4	6.1

● 蛋白质　● 脂肪　● 碳水化合物

27 鲜虾蛋卷

＊兽医师小叮咛： 1.因为这道料理的蛋白质、磷与钾含量较高，给有肾脏疾病病史的毛
  小孩吃前，请咨询兽医师。

2.因为这道料理的钠含量较高，若家中毛小孩有心血管疾病病史，
  请先咨询兽医师。

材　　料	· 虾仁（去壳、去头）150g · 鸡蛋1个 · 橄榄油5g · 低钠盐1g

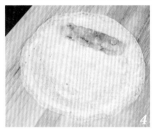

主厨教你
毛小孩吃的东西，
我们也可以吃

按照本食谱的食材量，在步骤1
中加入少许白胡椒粉、5g香油及
5g米酒，拌匀，即为我们也可享
用的美味小吃。

步 骤

1~2 虾仁去肠泥，略微剁碎加入低钠盐
拌匀。

3 起锅入橄榄油，将鸡蛋打散成蛋液
入锅，蛋液煎成蛋皮取出备用。

4~5 取蛋皮铺上虾泥，卷起蒸熟即可完
成。

兽医师告诉你
毛小孩吃进的营养热量

营养分析

热量(kcal/206g)	299.8	钙(g/1000kcal)	0.54
蛋白质(g/1000kcal)	134.9	磷(g/1000kcal)	1.82
脂肪(g/1000kcal)	42.9	钠(g/1000kcal)	5.60
碳水化合物(g/1000kcal)	9.5	钾(g/1000kcal)	1.91
总膳食纤维(g/1000kcal)	0		

热量分布（%）

57.8	38.4	3.8

● 蛋白质　● 脂肪　● 碳水化合物

28 好彩头

*兽医师小叮咛：1.因为这道料理的蛋白质、磷与钾含量较高，给有肾脏疾病病史的毛
　　　　　　　　小孩吃前，请咨询兽医师。
　　　　　　　2.因为这道料理的钠含量较高，若家中毛小孩有心血管疾病病史，
　　　　　　　　请先咨询兽医师。

材　料	· 白萝卜60g	· 鸡胸绞肉100g	· 低钠盐1g
	· 胡萝卜碎2g	· 西蓝花碎2g	

步　骤

1~2　白萝卜去皮切成厚度2cm的圆柱状,挖凹洞备用。

3　鸡胸绞肉加入低钠盐拌匀，镶入白萝卜中，蒸约6分钟取出。

4　最后放上氽烫熟的胡萝卜碎及西蓝花碎装饰即可完成。

**主厨教你
毛小孩吃的东西,
我们也可以吃**

在步骤2中加入少许白胡椒粉、5g香油及5g米酒，拌匀，即为我们也可享用的美味料理。

兽医师告诉你
毛小孩吃进的营养热量

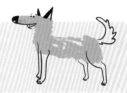

营养分析

热量(kcal/165g)	177.0	钙(g/1000kcal)	0.19
蛋白质(g/1000kcal)	177.6	磷(g/1000kcal)	1.38
脂肪(g/1000kcal)	20.6	钠(g/1000kcal)	1.61
碳水化合物(g/1000kcal)	15.6	钾(g/1000kcal)	3.71
总膳食纤维(g/1000kcal)	6.1		

热量分布（%）

75.5	18.5	6.0

● 蛋白质　　● 脂肪　　● 碳水化合物

29 蘑菇布蕾

＊兽医师小叮咛： 1.因为这道料理的脂肪含量较高，若家中毛小孩有胰脏炎或脂肪代谢异常，应避免食用。

2.因为这道料理的钾含量较高，给有肾脏疾病病史的毛小孩吃前，请咨询兽医师。

材料	· 鸡蛋1个	· 蘑菇片30g	· 原味鸡高汤（低盐）30g
	· 鲜奶油40g	· 无盐奶油3g	· 低钠盐1g

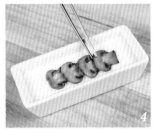

步　骤

**主厨教你
毛小孩吃的东西，
我们也可以吃**

按照本食谱的食材量，在步骤2中加入少许研磨胡椒粉，拌匀，即为我们也可享用的美味小吃。

1 蘑菇片干锅炒香，加入无盐奶油拌炒均匀起锅。

2 将蛋液、原味鸡高汤、鲜奶油及低钠盐拌匀。

3~4 入容器蒸烤约20分钟凝结成布丁状，最后装饰蘑菇片即可完成。

**兽医师告诉你
毛小孩吃进的营养热量**

营养分析

热量(kcal/154g)	245.6	钙(g/1000kcal)	0.24
蛋白质(g/1000kcal)	33.8	磷(g/1000kcal)	0.62
脂肪(g/1000kcal)	91.9	钠(g/1000kcal)	1.41
碳水化合物(g/1000kcal)	12.6	钾(g/1000kcal)	2.06
总膳食纤维(g/1000kcal)	2.6		

热量分布（%）

14.1	81.3	4.6

● 蛋白质　● 脂肪　● 碳水化合物

30 猪肉蜜苹果

15分钟 | 180℃

*兽医师小叮咛：因为这道料理的脂肪含量较高，若家中毛小孩有胰脏炎或脂肪代谢异常，应避免食用。

材 料	· 猪里脊绞肉（全瘦）100g	· 香油30g	
	· 苹果（去皮、去核）100g	· 蜂蜜30g	· 水100mL

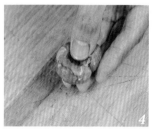
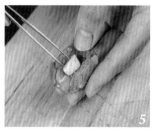

主厨教你
毛小孩吃的东西，
我们也可以吃

步

骤

1~2　苹果切丁；猪里脊绞肉加入香油拌匀备用。

3　苹果、蜂蜜及水煮至焦糖色并软化备用。

4~5　将猪里脊绞肉捏出凹槽，填入步骤2的蜜苹果。放入烤箱用180℃烤约15分钟即可完成。

按照本食谱的食材量，在步骤1中加入1g盐、少许研磨胡椒粉，拌匀，即为我们也可享用的美味小吃。

兽医师告诉你
毛小孩吃进的营养热量

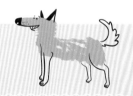

营养分析

热量(kcal/360g)	546.9	钙(g/1000kcal)	0.05
蛋白质(g/1000kcal)	39.8	磷(g/1000kcal)	0.41
脂肪(g/1000kcal)	65.4	钠(g/1000kcal)	0.11
碳水化合物(g/1000kcal)	68.5	钾(g/1000kcal)	0.90
总膳食纤维(g/1000kcal)	2.5		

热量分布（%）

17.0	58.0	25.0

● 蛋白质　● 脂肪　● 碳水化合物

31 鲜鱼沙拉

***兽医师小叮咛**：1.因为这道料理的脂肪含量较高，若家中毛小孩有胰脏炎或脂肪代谢
异常，应避免食用。

2.因为这道料理的钾含量较高，给有肾脏疾病病史的毛小孩吃前，
请咨询兽医师。

材　料	· 三文鱼（去皮、去骨）50g	· 圣女果30g
	· 西蓝花30g　　· 橄榄油20g	· 低钠盐1g

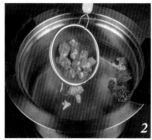

步　骤

1　圣女果切丁；三文鱼切丁备用；西蓝花切小朵。

2　起水锅，将三文鱼丁及西蓝花烫熟捞起备用。

3　将熟料与圣女果丁加入橄榄油及低钠盐拌匀即可完成。

主厨教你
毛小孩吃的东西，
我们也可以吃

这道菜食材丰富，我们已经可以直接食用了！

兽医师告诉你
毛小孩吃进的营养热量

营养分析

热量(kcal/131g)	283.6	钙(g/1000kcal)	0.08
蛋白质(g/1000kcal)	48.3	磷(g/1000kcal)	0.55
脂肪(g/1000kcal)	85.5	钠(g/1000kcal)	0.84
碳水化合物(g/1000kcal)	11.7	钾(g/1000kcal)	2.56
总膳食纤维(g/1000kcal)	6.9		

热量分布（%）

20.0	75.8	4.2

● 蛋白质　● 脂肪　● 碳水化合物

32 乳酪烤饭团

＊**兽医师小叮咛**：因为这道料理的钾含量较高，给有肾脏疾病病史的毛小孩吃前，请咨询兽医师。

材　料	· 白饭（水煮、无盐、无油）80g　· 起司片1片
	· 无盐海苔丝2g

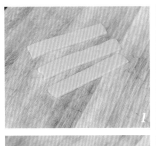

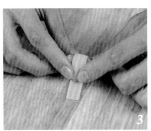

主厨教你
毛小孩吃的东西，
我们也可以吃

这道菜做法简单，我们已经
可以直接食用了。

步　　骤

1　起司片切成2cm宽的条状。

2~4　先取白饭捏成圆柱状，用起司片环绕一
圈。

5　再用喷枪炙烧。

6　最后用无盐海苔丝卷起即可完成。

兽医师告诉你
毛小孩吃进的营养热量

营养分析

热量(kcal/102g)	167.9	钙(g/1000kcal)	0.98
蛋白质(g/1000kcal)	36.4	磷(g/1000kcal)	0.45
脂肪(g/1000kcal)	23.0	钠(g/1000kcal)	0.79
碳水化合物(g/1000kcal)	74.0	钾(g/1000kcal)	1.11
总膳食纤维(g/1000kcal)	2.3		

热量分布（％）

22.4	31.9	45.7

● 蛋白质　● 脂肪　● 碳水化合物

33 瓜肉卷

＊**兽医师小叮咛：** 1.因为这道料理的脂肪含量较高，若家中毛小孩有胰脏炎或脂肪代谢异常，应避免食用。

2.因为这道料理的蛋白质与钾含量较高，给有肾脏疾病病史的毛小孩吃前，请咨询兽医师。

材　料 ・鸡腿肉（去皮、去骨）150g ・冬瓜60g ・低钠盐1g
・香油5g

124

步　　骤

1~2 鸡腿肉断筋略微剁碎，加入低钠盐及香油拌匀。

3 冬瓜切片备用。

4 将冬瓜片铺上鸡腿肉泥卷起蒸熟即可完成。

主厨教你
毛小孩吃的东西，
我们也可以吃

按照本食谱的食材量，在步骤1中加入少许白胡椒粉及5g米酒，拌匀，即为我们也可享用的美味小吃。

兽医师告诉你
毛小孩吃进的营养热量

营养分析

热量(kcal/216g)	344.8	钙(g/1000kcal)	0.98
蛋白质(g/1000kcal)	109.5	磷(g/1000kcal)	0.45
脂肪(g/1000kcal)	57.4	钠(g/1000kcal)	0.79
碳水化合物(g/1000kcal)	5.2	钾(g/1000kcal)	1.11
总膳食纤维(g/1000kcal)	5.0		

热量分布（%）

46.6	51.5	1.9

● 蛋白质　● 脂肪　● 碳水化合物

34 彩椒蛋羹

＊兽医师小叮咛： 1.因为这道料理的脂肪含量较高，若家中毛小孩有胰脏炎或脂肪代谢
异常，应避免食用。

2.因为这道料理的钾含量较高，给有肾脏疾病病史的毛小孩吃前，请
咨询兽医师。

3.因为这道料理的钠含量较高，若家中毛小孩有心血管疾病病史，请
先咨询兽医师。

材　料 ・鸡蛋1个　　・彩椒碎50g　　・原味鸡高汤（低盐）200mL
・低钠盐1g　　・无盐奶油5g

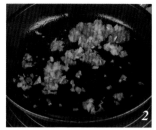

步　　骤

1　在蛋液中加入原味鸡高汤及低钠盐拌匀，倒入容器中蒸熟备用。

2　将彩椒碎氽烫，用无盐奶油炒香备用。

3~4　将熟蛋用叉子略微搅散，最后放上彩椒碎即可完成。

主厨教你
毛小孩吃的东西，我们也可以吃

这道菜色彩鲜艳，又添加了调味料，我们已经可以直接吃了。

兽医师告诉你
毛小孩吃进的营养热量

营养分析

热量(kcal/306g)	141.5	钙(g/1000kcal)	0.33
蛋白质(g/1000kcal)	67.5	磷(g/1000kcal)	0.96
脂肪(g/1000kcal)	67.1	钠(g/1000kcal)	5.11
碳水化合物(g/1000kcal)	31.2	钾(g/1000kcal)	4.19
总膳食纤维(g/1000kcal)	5.3		

热量分布（%）

28.3	59.8	11.9

● 蛋白质　　● 脂肪　　● 碳水化合物

35 鸡蛋香菇球

＊兽医师小叮咛：因为这道料理的蛋白质、磷与钾含量较高，给有肾脏疾病病史的毛小孩吃前，请咨询兽医师。

材　料	· 鲜香菇40g	· 鸡胸肉泥（去皮、去骨）100g
	· 蛋黄1个	· 低钠盐1g

步　　骤

1~2　在鸡胸肉泥中加入低钠盐及蛋黄搅拌均匀备用。

3~4　鲜香菇去蒂头，镶入鸡肉泥成球备用。

5　入蒸锅蒸约8分钟即可完成。

主厨教你
毛小孩吃的东西，
我们也可以吃

按照本食谱的食材量，在步骤1中加入少许白胡椒粉，拌匀，即为我们也可享用的可爱小吃。

兽医师告诉你
毛小孩吃进的营养热量

营养分析

热量(kcal/158g)	241.8	钙(g/1000kcal)	0.16
蛋白质(g/1000kcal)	142.0	磷(g/1000kcal)	1.27
脂肪(g/1000kcal)	33.8	钠(g/1000kcal)	1.16
碳水化合物(g/1000kcal)	26.3	钾(g/1000kcal)	2.38
总膳食纤维(g/1000kcal)	3.5		

热量分布（%）

60.3	30.5	9.2

● 蛋白质　　● 脂肪　　● 碳水化合物

36 黑枣鸡卷

*兽医师小叮咛：因为这道料理的蛋白质含量较高，给有肾脏疾病病史的毛小孩吃前，请咨询兽医师。

材　料	· 去骨鸡腿肉120g
	· 无籽黑枣干（须使用成分为100%黑枣，无另外添加油、糖的黑枣干）30g

主厨教你
毛小孩吃的东西，
我们也可以吃

按照本食谱的食材量，在步骤2中加入1g盐、少许研磨
胡椒粉，抹匀，即为我们也可享用的美味佳肴。

步　骤

1　将无籽黑枣干切小块备用。

2~3　去骨鸡腿肉用刀断筋（断筋法
请见P.051）包裹切块无籽黑枣
干，用锡箔纸卷起备用。

4　入蒸锅蒸约6分钟取出，再用不
粘锅煎至上色即可完成。

兽医师告诉你
毛小孩吃进的营养热量

营养分析

热量(kcal/150g)	300.4	钙(g/1000kcal)	0.04
蛋白质(g/1000kcal)	101.9	磷(g/1000kcal)	0.59
脂肪(g/1000kcal)	39.6	钠(g/1000kcal)	1.29
碳水化合物(g/1000kcal)	56.0	钾(g/1000kcal)	0.73
总膳食纤维(g/1000kcal)	8.1		

注：此处营养和热量的食材"无籽黑枣干"是以德国原装进口去籽黑枣干的营养标示来分
析的，建议毛小孩爸妈在选购食材时，选择成分单纯，无添加油、糖或其他添加物的
黑枣干。

热量分布（%）

50.5	44.1	5.4

● 蛋白质　　脂肪　● 碳水化合物

37 菜肉炖饭

*兽医师小叮咛： 1.因为这道料理的脂肪含量较高，若家中毛小孩有胰脏炎或脂肪代谢
异常，应避免食用。

2.因为这道料理的钾含量较高，给有肾脏疾病病史的毛小孩吃前，请
咨询兽医师。

3.因为这道料理的钠含量较高，若家中毛小孩有心血管疾病病史，请
先咨询兽医师。

材　料

- 白饭（水煮、无盐、无油）50g　　　・牛后腿绞肉50g
- 卷心菜30g　・胡萝卜20g　・玉米笋10g　・西蓝花20g
- 原味鸡高汤（低盐）200mL　　无盐奶油30g　起司粉3g
- 低钠盐1g

步　骤

1　卷心菜切小片，胡萝卜切小碎丁，玉米笋切小块，西蓝花切小朵。

2~3　起锅入无盐奶油，炒香牛后腿绞肉后加入所有蔬菜炒香。

4~5　加入原味鸡高汤及白饭炖煮收汁调味，撒上起司粉和低钠盐即可完成。

**主厨教你
毛小孩吃的东西，
我们也可以吃**

按照本食谱的食材量，在步骤2中起锅前加入少许研磨胡椒粉，拌炒均匀，即为我们也可享用的美味好料。

**兽医师告诉你
毛小孩吃进的营养热量**

营养分析

热量(kcal/414g)	403.5	钙(g/1000kcal)	0.23
蛋白质(g/1000kcal)	43.9	磷(g/1000kcal)	0.56
脂肪(g/1000kcal)	68.2	钠(g/1000kcal)	2.09
碳水化合物(g/1000kcal)	55.5	钾(g/1000kcal)	2.04
总膳食纤维(g/1000kcal)	5.6		

热量分布（%）

17.8	60	22.2

● 蛋白质　● 脂肪　● 碳水化合物

133

38 蘑菇鸡

＊兽医师小叮咛：1.因为这道料理的脂肪含量较高，若家中毛小孩有胰脏炎或脂肪代谢
异常，应避免食用。

2.因为这道料理的蛋白质与钾含量较高，给有肾脏疾病病史的毛小孩
吃前，请咨询兽医师。

3.因为这道料理的钠含量较高，若家中毛小孩有心血管疾病病史，请
先咨询兽医师。

| 材　料 | · 鸡胸肉（去皮、去骨）80g | · 蘑菇50g | · 低钠盐1g |
| | · 鲜奶油50g | · 无盐奶油5g | · 原味鸡高汤（低盐）200mL |

步　　骤

主厨教你
毛小孩吃的东西，
我们也可以吃

这道香浓美味的蘑菇鸡我们也可以直接享用。

1~2	鸡胸肉切片撒低钠盐略腌；蘑菇切片备用。
3	起锅入无盐奶油，炒香蘑菇及鸡胸肉片。
4~5	最后加入原味鸡高汤及鲜奶油收汁即可完成。

兽医师告诉你
毛小孩吃进的营养热量

营养分析

热量(kcal/386g)	381.9	钙(g/1000kcal)	0.17
蛋白质(g/1000kcal)	76.9	磷(g/1000kcal)	0.69
脂肪(g/1000kcal)	66.8	钠(g/1000kcal)	1.94
碳水化合物(g/1000kcal)	24.5	钾(g/1000kcal)	1.89
总膳食纤维(g/1000kcal)	2.8		

热量分布（%）

32.3	58.9	8.8

● 蛋白质　● 脂肪　● 碳水化合物

39 缤纷海苔卷

＊兽医师小叮咛： 因为这道料理的蛋白质、磷与钾含量较高，给有肾脏疾病病史的毛小孩吃前，请咨询兽医师。

材　料　· 鲷鱼泥（去皮）80g · 玉米粒20g · 胡萝卜丁20g
　　　　· 青豆仁20g · 无盐海苔3g

步　骤

1　将鲷鱼泥、玉米粒、胡萝卜丁及青豆仁拌匀备用。

2~3　取无盐海苔片，铺上鲷鱼肉泥卷起，入蒸锅蒸15分钟，最后切块即可完成。

主厨教你
毛小孩吃的东西，
我们也可以吃

按照本食谱的食材量，在步骤1中加入1g盐、少许白胡椒粉及5g米酒，拌匀，即为我们也可享用的美味小吃。

兽医师告诉你
毛小孩吃进的营养热量

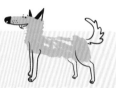

营养分析

热量(kcal/143g)	114.7	钙(g/1000kcal)	0.17
蛋白质(g/1000kcal)	156.4	磷(g/1000kcal)	1.46
脂肪(g/1000kcal)	15.6	钠(g/1000kcal)	0.80
碳水化合物(g/1000kcal)	68.3	钾(g/1000kcal)	3.10
总膳食纤维(g/1000kcal)	16.0		

热量分布（%）

60.2	13.5	26.3

● 蛋白质　　● 脂肪　　● 碳水化合物

 **40 迷你比萨**

10分钟 | 180℃

＊兽医师小叮咛：1.因为这道料理的蛋白质、磷与钾含量较高，给有肾脏疾病病史的毛小孩吃前，请咨询兽医师。

2.因为这道料理的钠含量较高，若家中毛小孩有心血管疾病病史，请先咨询兽医师。

3.土豆富含草酸，有草酸钙结石病史的毛小孩应避免食用此料理。

材 料
- 牛后腿绞肉（全瘦）50g
- 蘑菇20g
- 西蓝花30g
- 土豆40g
- 番茄40g
- 乳酪丝40g

主厨教你
毛小孩吃的东西，
我们也可以吃

按照本食谱的食材量，在步骤3的完成品撒上少许研磨胡椒粉，香气十足的美味比萨即可享用。

步　骤

1　土豆、番茄及蘑菇切片；西蓝花切小朵备用。

2~6　将土豆片铺底，依序放上番茄片、牛后腿绞肉泥、蘑菇片、西蓝花及乳酪丝。

7　入烤箱用180℃烤10分钟即可完成。

兽医师告诉你
毛小孩吃进的营养热量

营养分析

热量(kcal/220g)	289.9	钙(g/1000kcal)	1.84
蛋白质(g/1000kcal)	99.5	磷(g/1000kcal)	1.64
脂肪(g/1000kcal)	45.7	钠(g/1000kcal)	2.51
碳水化合物(g/1000kcal)	48.1	钾(g/1000kcal)	2.15
总膳食纤维(g/1000kcal)	7.9		

热量分布（%）

41.2	40.3	18.5

● 蛋白质　● 脂肪　● 碳水化合物

41 碎肉鸡蛋面

＊兽医师小叮咛： 1.因为这道料理的脂肪含量较高，若家中毛小孩有胰脏炎或脂肪代谢异常，应避免食用。

2.因为这道料理的蛋白质、磷与钾含量较高，给有肾脏疾病病史的毛小孩吃前，请咨询兽医师。

材　　料	· 猪里脊绞肉（全瘦）50g	· 鸡蛋1个	· 巴西里碎1g
	· 橄榄油2g		

步　　骤

主厨教你
毛小孩吃的东西，
我们也可以吃

1　　蛋黄及蛋白分开备用。

2~3　取两个盘子抹少许的油，分别倒入蛋白
　　　与蛋黄入蒸锅蒸熟备用。

按照本食谱的食材量，在步骤2中
加入1g盐及5g香油，拌匀，即为
我们也可享用的美味小吃。

4　　起锅入橄榄油炒香猪里脊绞肉至熟备用。

5~6　将熟蛋白及熟蛋黄切丝呈面条状盛盘，
　　　撒上熟肉碎及巴西里碎即可完成。

兽医师告诉你
毛小孩吃进的营养热量

营养分析

热量(kcal/103g)	166.7	钙(g/1000kcal)	0.21
蛋白质(g/1000kcal)	102.2	磷(g/1000kcal)	1.15
脂肪(g/1000kcal)	60.9	钠(g/1000kcal)	0.53
碳水化合物(g/1000kcal)	3.7	钾(g/1000kcal)	1.58
总膳食纤维(g/1000kcal)	0.19		

热量分布（%）

44.0	54.7	1.3

● 蛋白质　　● 脂肪　　● 碳水化合物

42 海陆杂汤

*兽医师小叮咛：1.因为这道料理的蛋白质、磷与钾含量较高，给有肾脏疾病病史的毛小孩吃前，请咨询兽医师。

2.因为这道料理的钠含量较高，若家中毛小孩有心血管疾病病史，请先咨询兽医师。

材　料	· 鲷鱼（去皮）60g	· 白萝卜20g	· 胡萝卜20g
	· 鹌鹑蛋10g	· 原味鸡高汤（低盐）100mL	

步　　骤

1　鲷鱼切块；胡萝卜、白萝卜切片；鹌鹑蛋切半备用。

2~3　将材料放入容器中，加入原味鸡高汤，入蒸锅蒸约5分钟即可完成。

主厨教你
毛小孩吃的东西，我们也可以吃

按照本食谱的食材量，在步骤2中加入1g盐、少许白胡椒粉，即为我们也可享用的美味汤品。

兽医师告诉你
毛小孩吃进的营养热量

营养分析

热量(kcal/210g)	90.5	钙(g/1000kcal)	0.34
蛋白质(g/1000kcal)	165.1	磷(g/1000kcal)	1.63
脂肪(g/1000kcal)	23.6	钠(g/1000kcal)	3.21
碳水化合物(g/1000kcal)	32.7	钾(g/1000kcal)	4.10
总膳食纤维(g/1000kcal)	10.2		

热量分布（%）

66.2	21.2	12.6

● 蛋白质　　● 脂肪　　● 碳水化合物

43 三文鱼浓汤

*兽医师小叮咛： 1. 因为这道料理的蛋白质、磷与钾含量较高，给有肾脏疾病病史的毛
小孩吃前，请咨询兽医师。
2. 因为这道料理的钠含量较高，若家中毛小孩有心血管疾病病史，
请先咨询兽医师。

材　料
- 三文鱼（去皮、去骨）60g
- 原味鸡高汤（低盐）150mL
- 南瓜80g
- 巴西里碎1g

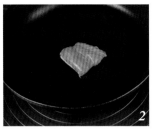

步　骤

1　南瓜切片备用。

2　三文鱼入锅煎上色至熟，剥碎备用。

3~4　用同一个锅炒香南瓜片，加入原味鸡高汤煮至南瓜变软，再用料理棒打成浓汤。

5　取容器放入三文鱼碎及浓汤，最后用巴西里碎装饰即可完成。

**主厨教你
毛小孩吃的东西，
我们也可以吃**

按照本食谱的食材量，在步骤2中加入1g盐、少许研磨胡椒，拌匀，即为我们也可享用的美味汤品。

**兽医师告诉你
毛小孩吃进的营养热量**

营养分析

热量(kcal/291g)	135.9	钙(g/1000kcal)	0.25
蛋白质(g/1000kcal)	131.8	磷(g/1000kcal)	1.51
脂肪(g/1000kcal)	36.4	钠(g/1000kcal)	2.81
碳水化合物(g/1000kcal)	33.5	钾(g/1000kcal)	5.11
总膳食纤维(g/1000kcal)	6.7		

热量分布（%）

55.1	32.8	12.1

● 蛋白质　● 脂肪　● 碳水化合物

44 椒菜花

*兽医师小叮咛：1.因为这道料理的脂肪含量较高，若家中毛小孩有胰脏炎或脂肪代谢
异常，应避免食用。

2.因为这道料理的钾含量较高，给有肾脏疾病病史的毛小孩吃前，
请咨询兽医师。

材　料	· 甜椒60g	· 鸡蛋2个	· 鸡胸绞肉（去皮、去骨）30g
	· 菠菜30g	· 无盐奶油15g	

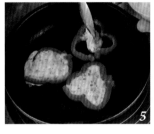

步　　骤

1~2　甜椒切成1cm厚的圈状；菠菜切小碎丁备用。

3　在鸡胸绞肉中加入鸡蛋及菠菜，拌匀成蛋料汁备用。

4~5　起锅入无盐奶油，放上甜椒，倒入蛋料汁，煎至熟透即可完成。

主厨教你
毛小孩吃的东西，
我们也可以吃

按照本食谱的食材量，在步骤2中加入1g盐、少许研磨胡椒粉，拌匀，即为我们也可享用的美味小吃。

兽医师告诉你
毛小孩吃进的营养热量

营养分析

热量(kcal/235g)	335.7	钙(g/1000kcal)	0.31
蛋白质(g/1000kcal)	70.0	磷(g/1000kcal)	0.82
脂肪(g/1000kcal)	71.7	钠(g/1000kcal)	0.51
碳水化合物(g/1000kcal)	17.8	钾(g/1000kcal)	1.41
总膳食纤维(g/1000kcal)	4.8		

热量分布（%）

29.6	63.8	6.6

● 蛋白质　● 脂肪　● 碳水化合物

147

45 咕噜番茄

*兽医师小叮咛：因为这道料理的蛋白质、磷与钾含量较高，给有肾脏疾病病史的毛小孩吃前，请咨询兽医师。

材　　料	· 牛后腿绞肉（全瘦）60g	· 番茄50g
	· 鸡蛋1个	· 西蓝花30g

步　骤

1 牛后腿绞肉、鸡蛋及西蓝花碎拌匀备用。

2 番茄去籽挖空，镶入步骤1的肉馅。

3 入蒸锅蒸约6分钟即可完成。

主厨教你
毛小孩吃的东西，
我们也可以吃

按照本食谱的食材量，在步骤1中加入1g盐、少许研磨胡椒粉，拌匀，即为我们也可享用的美味小吃。

兽医师告诉你
毛小孩吃进的营养热量

营养分析

热量(kcal/190g)	177.5	钙(g/1000kcal)	0.30
蛋白质(g/1000kcal)	119.4	磷(g/1000kcal)	1.42
脂肪(g/1000kcal)	44.9	钠(g/1000kcal)	0.64
碳水化合物(g/1000kcal)	26.3	钾(g/1000kcal)	2.74
总膳食纤维(g/1000kcal)	8.9		

热量分布（%）

50.1	40.5	9.4

● 蛋白质　● 脂肪　● 碳水化合物

149

46 青豆烘蛋

＊兽医师小叮咛：1.因为这道料理的脂肪含量较高，若家中毛小孩有胰脏炎或脂肪代谢异常，应避免食用。

2.因为这道料理的蛋白质和钾含量较高，给有肾脏疾病病史的毛小孩吃前，请咨询兽医师。

材　料	・鸡蛋2个	・青豆仁30g	・猪里脊肉（全瘦）60g
	・鲜奶油20mL	・无盐奶油5g	

150

步　　骤

1　猪里脊肉用刀断筋。

2　起水锅，汆烫青豆仁及猪里脊肉备用。

3　将鸡蛋、猪里脊肉、青豆仁及鲜奶油拌匀。

4　起锅入无盐奶油，倒入步骤3中的蛋料煎至熟透即可完成。

主厨教你
毛小孩吃的东西，
我们也可以吃

按照本食谱的食材量，在步骤3中加入1g盐、少许研磨胡椒粉，拌匀，即为我们也可享用的美味小吃。

兽医师告诉你
毛小孩吃进的营养热量

营养分析

热量(kcal/215g)	365.9	钙(g/1000kcal)	0.22
蛋白质(g/1000kcal)	74.4	磷(g/1000kcal)	0.91
脂肪(g/1000kcal)	69.9	钠(g/1000kcal)	0.45
碳水化合物(g/1000kcal)	14.9	钾(g/1000kcal)	1.17
总膳食纤维(g/1000kcal)	3.4		

热量分布（%）

31.8	62.3	5.9

● 蛋白质　　● 脂肪　　● 碳水化合物

47 蜂蜜苹果汁

*兽医师小叮咛：因为这道料理的钾含量较高，给有肾脏疾病病史的毛小孩吃前，请咨询兽医师。

| 材　料 | · 苹果（去核、去皮）100g | · 蜂蜜10g | · 开水60mL |

★ 注：下图苹果片仅为装饰用，若制作给毛小孩吃，请将苹果"去皮"。

步　　骤

1　苹果切片蒸熟备用。

2　将熟苹果加入蜂蜜及开水。

3　用料理棒（或果汁机）打成果汁即可完成。

主厨教你
毛小孩吃的东西，
我们也可以吃

这道饮品已加蜂蜜，人也可直接享用，还可依喜好调整甜度或加冰块。

兽医师告诉你
毛小孩吃进的营养热量

营养分析

热量(kcal/170g)	78.4	钙(g/1000kcal)	0.09
蛋白质(g/1000kcal)	3.3	磷(g/1000kcal)	0.15
脂肪(g/1000kcal)	1.7	钠(g/1000kcal)	0.04
碳水化合物(g/1000kcal)	268.0	钾(g/1000kcal)	1.22
总膳食纤维(g/1000kcal)	16.8		

热量分布（%）

1.2
1.4
97.4

● 蛋白质　● 脂肪　● 碳水化合物

153

48 凤梨牛奶冰激凌

＊兽医师小叮咛：因为这道料理的钾含量较高，给有肾脏疾病病史的毛小孩吃前，请咨询兽医师。

材　料	· 凤梨50g	· 全脂鲜奶50g

步　　骤

主厨教你
毛小孩吃的东西，
我们也可以吃

按照本食谱的食材量，在步骤1中加入30g糖，即为我们也可享用的美味甜点。

1~2　将凤梨及全脂鲜奶用料理棒（或果汁　机）打成果泥，放入冰箱冷冻结冰。

3　取出用汤匙刮成冰激凌即可完成。（注：因这道点心的原料只有鲜奶和凤梨，无添加鲜奶油和鸡蛋，因此完成品呈偏软稠状。）

兽医师告诉你
毛小孩吃进的营养热量

营养分析

热量(kcal/100g)	55.3	钙(g/1000kcal)	1.14
蛋白质(g/1000kcal)	33.4	磷(g/1000kcal)	0.83
脂肪(g/1000kcal)	30.5	钠(g/1000kcal)	0.39
碳水化合物(g/1000kcal)	161.9	钾(g/1000kcal)	2.18
总膳食纤维(g/1000kcal)	12.7		

热量分布（%）

13.8	26.7	59.5

● 蛋白质　● 脂肪　● 碳水化合物

1分钟 | 200℃

49 烤棉花糖苹果夹心

材 料
· 棉花糖30g（建议选择白色无色素、成分单纯、标示清楚的棉花糖）
· 苹果（去皮、去核）30g

★ 注：若我们制作烤苹果片给自己吃，建议带皮，口感较佳；若是给毛小孩吃，请务
必将苹果"去皮"。

主厨教你
毛小孩吃的东西，
我们也可以吃

热乎乎的苹果片夹着微微融化的棉花糖，不需加其他调味我们也可直接享用，和毛小孩共享甜滋滋的幸福吧！

步　　骤

1　苹果切片备用。

2~3　在苹果片中间夹入棉花糖，入烤箱200℃烤1分钟至上色即可完成。

兽医师告诉你
毛小孩吃进的营养热量

营养分析

热量(kcal/60g)	109.7	钙(g/1000kcal)	0.02
蛋白质(g/1000kcal)	5.7	磷(g/1000kcal)	0.05
脂肪(g/1000kcal)	0.9	钠(g/1000kcal)	0.22
碳水化合物(g/1000kcal)	257.3	钾(g/1000kcal)	0.26
总膳食纤维(g/1000kcal)	3.8		

热量分布（%）

2.2
0.7
97.1

● 蛋白质　　脂肪　　● 碳水化合物

157

50 汪汪凤梨饺

10分钟 | 180℃

*兽医师小叮咛：因为这道料理的蛋白质、磷与钾含量较高，给有肾脏疾病病史的毛小孩吃前，请咨询兽医师。

材　料	· 鸡胸肉泥（去皮、去骨）120g　· 凤梨80g　· 全脂鲜奶30mL
	· 鸡蛋1/2个　· 白砂糖2g

步　骤

1　在鸡胸肉泥中加入全脂鲜奶、鸡蛋，搅拌均匀备用。

2~4　凤梨刨成薄片，在两片之间填入步骤1完成的鸡胸肉泥。

5　在表面撒上白砂糖，用180℃烤约10分钟至熟表面金黄即可完成。

主厨教你
毛小孩吃的东西，
我们也可以吃

按照本食谱的食材量，在步骤1中加入1g盐，即为我们也可享用的美味小吃。

兽医师告诉你
毛小孩吃进的营养热量

营养分析

热量(kcal/257g)	294.5	钙(g/1000kcal)	0.25
蛋白质(g/1000kcal)	141.8	磷(g/1000kcal)	1.18
脂肪(g/1000kcal)	27.2	钠(g/1000kcal)	0.45
碳水化合物(g/1000kcal)	41.5	钾(g/1000kcal)	1.58
总膳食纤维(g/1000kcal)	3.8		

热量分布（%）

60.5	24.4	15.1

● 蛋白质　● 脂肪　● 碳水化合物

原书名：双师出任务！兽医师x厨师的狗狗鲜食零食

作者：姜智凡、李建轩（Stanley）

本书通过四川一览文化传播广告有限公司代理，经捷径文化出版事业有限公司授权出版。

©2020辽宁科学技术出版社

著作权合同登记号：第06-2019-143号。

图书在版编目（CIP）数据

狗狗零食制作大全 / 姜智凡，李建轩著. — 沈阳：
辽宁科学技术出版社，2020.10

ISBN 978-7-5591-1700-7

Ⅰ. ①狗… Ⅱ. ①姜… ②李… Ⅲ. ①犬－饲料
Ⅳ. ①S829.25

中国版本图书馆CIP数据核字(2020)第148416号

出版发行：辽宁科学技术出版社
　　　　　（地址：沈阳市和平区十一纬路25号　邮编：110003）
印 刷 者：辽宁新华印务有限公司
经 销 者：各地新华书店
幅面尺寸：170mm×240mm
印　　张：10
字　　数：200千字
出版时间：2020年10月第1版
印刷时间：2020年10月第1次印刷
责任编辑：朴海玉
版式设计：袁　舒
封面设计：霍　红
责任校对：闻　洋　王春茹

书　　号：ISBN 978-7-5591-1700-7
定　　价：49.80元

联系电话：024-23284367
邮购热线：024-23280336